새는 바보다

전 세계 바보 새 도감

매트 크라흐트 지음
김아림 옮김

메디치

사랑과 웃음으로 나를 키우고,
어린 시절부터 상상력을 북돋워주었으며,
마주 앉아 새 이야기를 끝까지 들어주신
엄마에게

들어가며 10

이 책의 사용법 13

1장   이 녀석들은 전 세계에 널려 있다

네 녀석은 어디에 사는 누구냐 19

전 세계 주요 조류 분포 구역 20

어디서 새를 관찰할까? 25

종을 동정하는 법 26

2장   온갖 새들

전형적인 새들 35

아프리카야바위밭종다리 아프리카바위밭종다리 36

노잼박새 북방박새 38

목이 검은 핀치새 금정조 40

입닥쳐 홍관조 검은가슴홍관조 42

고까운새 꼬까울새, 유럽울새 44

바보종다리 유럽바위종다리 46

노양심못난이새 멋쟁이새 48

캐롤라이나의 망할 녀석 캐롤라이나굴뚝새 50

왕가슴박새 노랑배박새 52

초록야옹새 녹색고양이새 54

춤추는 할미새 영국알락할미새 56

정신나간 동고비 붉은가슴동고비 58

짧발이발바리 짧은발가락나무발바리(나무발발이) 60

바보요정 요정굴뚝새 62

노란엉덩이 사형제 노란엉덩이솔새 64

뒷마당의 꼴통들 67

캘리포니아 허세꾼 캘리포니아덤불어치 68

시뻘건 홍관조 녀석 북부홍관조 70

망할 좀도둑까치 유라시아까치 72

불량배까마귀 뿔까마귀 74

양아치꿀빨기새 붉은꿀빨기새 76

잣 같은 까마귀 잣까마귀 78

올빼미인 척하는 허접사냥꾼 개구리입쏙독새 80

노랑부리 뱀파이어 노랑부리소등쪼기새 82

벌새와 딱새, 그리고 괴짜들 85

아프리카알록달록멍청이 아프리카피그미물총새 86

분노조절장애까마귀 검은바람까마귀 88

케이프꿀빨러 케이프꿀새 90

오싹해골바가지새 카푸친새,송아지새 92

날으는 치킨까스 느시 94

야간 근무 포투 큰포투쏙독새 96

빠개는 물총새 웃음물총새 98

주의) 타조 아님 다윈레아 100

꾸엑메추라기 콜린메추라기 102

페루바보벌새 페루비안시어테일 104

스코틀랜드솔로새 스코틀랜드솔잣새 106

노답노랑부리못난새 남방노랑부리코뿔새 108

동박눈까리 동박새 110

흰머리 수다쟁이 하얀도가머리꼬리치레지빠귀 112

관심병 걸린 새들 115

열정과다 음치멧새 남색멧새,유리멧새 116

분홍관종파랑새 분홍가슴파랑새 118

붉은부리단 패거리 붉은부리홍옥조 120

부리가 본체 토코투칸, 왕부리새, 큰부리새 122

노란가슴성격파탄솔새 아메리카솔새 124

망할 딱따구리 녀석들 127

무개성 딱따구리 오색딱따구리 128

뚱땡이초록딱따구리 유라시아청딱따구리 130

히말라야 죽돌이 히말라야딱따구리 132

왕모가지 개미잡이 134

물가의 멍청이들과 꺽다리들 137

아프리카 펭귄이다 아프리카펭귄, 케이프펭귄, 자카스펭귄 138

호주창쟁이 오스트랄라시아가마우지 140

호주쓰레기새 호주흰따오기 142

히키코모리 왜가리 해오라기 144

푸른 대두 두루미 청두루미 146

케이프우울오리 케이프물오리 148

기분 나쁜 오렌지 황오리 150

소란뿔쟁이 뿔스크리머, 뿔떠들썩오리, 뿔외침새 152

먹물가마우지 민물가마우지 154

노란신발백로 쇠백로 156

작은 노랑발? 또요?! 작은노랑발도요 158

살상 기계들 161

날개 달린 양아치 말똥가리 162

붉은꽁지파 행동대원 붉은꼬리말똥가리 164

3장 역사 속의 새들

렘카이 왕자의 무덤(서벽) 170

금반지 172

석회암으로 조각된 사원 소년 174

테라코타 기름 램프 176

새들로 장식한 거울 178

새를 쏘는 궁수 메달 180

인간의 방패를 훔치는 에로스 182

낮잠 자는 어린 헤라클레스 184

부엉이와 피리새 186

따오기와 젊은 여인 188

4장 새들과 잘 지내기

새에 대한 지식 쌓기 195

새와 어울리는 단어 짝짓기 게임 196

새를 묘사하는 단어들 200

종을 즉시 알아내는 방법 201

새를 그리는 방법 202

여러분만의 새 그리기 203

감사의 말 204

참고문헌 205

들어가며

나는 첫 책인 《북미의 바보 새 도감》에서 새를 연구하며 경험한 힘든 사연을 자세히 풀어놓았다. 하지만 이 책을 읽는 여러분이 전체 맥락을 이해할 수 있도록 내가 겪은 일을 다시 들려주고자 한다.

나는 열 살 무렵 열성적인 아마추어 조류학자였던 멋진 초등학교 선생님을 만나 조류 관찰을 처음 접했다. 깃털 달린 생물에 대한 선생님의 열정 덕에 우리 반은 새를 어떻게 연구해야 하는지 알게 되었으며, 내 어린 시절을 보냈고 지금도 살고 있는 워싱턴주 북서부 주변의 다양한 조류 보호구역과 안개 낀 숲길로 여러 차례 현장학습을 떠나는 혜택을 입었다.

심지어 비 오는 날 스카짓강을 따라 급류 래프팅을 떠난 적도 있다. 이 강을 떠나 태평양으로 간 연어 떼들은 알을 낳기 위해 매년 고향으로 돌아오곤 했는데, 그날 그 지친 연어 떼를 포식하러 흰머리수리들이 우르르 몰려오는 자연의 드라마 같은 장면을 목격할 수 있었다. 돌이켜보면 스카짓강에는 물살이 빠른 곳이 얼마 없었던 터라 '급류'라 부를 정도는 아니었다. 하지만 적어도 나에게 이때의 경험은 대자연의 야생에서 벌어진 순수한 모험 그 자체였다.

이렇듯 새와 자연 탐구에 집중하던 어린 시절을 나는 어느 정도 좋게 기억한다. 하지만 동시에 숙제로 주어진 새 관찰 보고서 때문에 트라우마가 생길 정도의 고된 경험도 했다. 그 일은 열 살의 내 인생에서 최초로 겪은 거대한 학문적 실패였다.

숙제를 위해 나는 춥고 습한 태평양 연안 북서부 지역에서 여러 차례 힘든 탐사 여행을 하며 목격하기 힘들기로 악명 높은 노랑관상모솔새를 관찰하고자 애썼다. 하지만 결국 그 녀석을 찾는 데 실패하고 좌절해야 했다. 애초에 나는 어디서나 볼 수 있으며 내가 가장 좋아하는 쇠박새 조사 보고서를 쓰겠다고 했다. 그런데 하필 나에게는 이 노랑관상모솔새가 과제로 떨어진 것이다. 물론 새 정보를 얻기 위해 도서관에 갈 수도 있었으나 그때의 나는 이건 과학 숙제니까 현장에 나가 직접 관찰해야만 한다고 생각했다. 그렇다, 나는 그런 아이였다.

하지만 현장 탐사 내내 이 새를 단 한 마리도 보지 못했다. 숙제 걱정으로 가득 차 엉엉 울던 나는 결국 크리스마스 방학 마지막 날에 집에 있던 《피터슨 도감》과 《브리태니커 백과사전》을 짜깁기해서 영 마음에 차지 않는 보고서를 작성해 내고 말았다. 그럼에도 꽤 괜찮은 점수를 받기는 했지만 그 경험은 쓰라린 굴욕으로 남았다. 나는 그저 스스로를 원망할 수밖에 없었다.

물론 시간이 흐르면서 학업에서 원하는 성취를 얻지 못했던 에피소드 하나쯤은 극복할 수 있게 되었다. 당연히 그 보고서에 대해서도 까맣게 잊어버리고 있었다. 그로부터 30여 년이 지난 뒤, 그동안 한 번도 눈으로 직접 보지 못했던 그 얄미운 노랑관상모솔새가 내가 산책하던 오솔길 근처 덤불에서 불쑥 나타나기 전까지는 말이다. 그 녀석은 자신을 사진에 담으려던 내 모든 시도를 좌절시켰을 뿐 아니라 나를 대놓고 조롱하듯 휘리릭 날아가 영원히 자취를 감췄다. 이후 그 새를 다시는 발견하지 못했다.

이것이 내가 첫 번째 책을 쓰게 된 계기다. 새에 대한 애정을 아이들과 함께 나누고자 했던 선생님 덕분에 내가 평생 새들에게 매료된 건 사실이다. 하지만 동시에 나를 고생시킨 그 망할 보고서 때문인지 내 잠재의식은 새들에게 약간의 분노를 품게 되었다. 그렇게 새들을 관찰하고 배우는 일에 흥미를 느끼는 동시에 그 작은 친구들을 놀리는 일을 즐기기 시작했다.

나는 《북미의 바보 새 도감》을 통해 북미 지역 새들에 대한 가이드북을 펴냈고, 이제는 전 세계의 새들로 눈을 돌렸다. 내 목표는 그 누구도 여러분에게 솔직하고 직설적으로 말해주지 않는 진실을 만방에 알리는 것이다. 새들은 매혹적이고 멋지지만, 동시에 엉뚱하고 바보 같은 친구들이라는 사실 말이다.

얄미운
노랑관상모솔새

이 책의 사용법

만약 여러분이 조류 관찰에 익숙하지 않은 초심자라면, 이 도감에 실린 내용이 꽤 쓸모 있을 것이다. 특히 다양한 새들을 소개한 2장이 그렇다. 이 책에는 새 그림뿐 아니라 새들의 지리적 서식지, 행동, 울음소리를 비롯한 일반적인 성향들까지 수록했다. 이런 정보들을 알고 있으면 종을 적절하게 구분해 동정(同定), 즉 생물의 분류학상 소속이나 명칭을 바르게 정하는 일을 할 수 있을 뿐 아니라, 새들의 본성을 좀 더 깊이 이해할 수 있다.

각 새들의 세부적인 설명 외에도 서식 지역과 식별 방법, 조류 관찰 시 지켜야 할 사항, 그리고 인류 역사 속에서 찾을 수 있는 새들이 묘사된 예술 작품 등 여러 주제에 대한 유용한 지식과 정보를 담았다. 더불어 새를 관찰하는 탐조가들이 주요 관찰 기술을 연마하고 깃털 달린 녀석들의 정체가 무엇인지 재빨리 알아차릴 수 있도록, 내가 지금껏 직접 터득한 정보와 노하우 또한 수록했다.

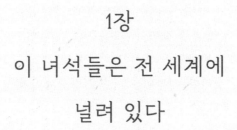

1장

이 녀석들은 전 세계에
널려 있다

과학자에게 새들이 지구상에 어떻게 분포하고 있는지 질문한다면, 그들은 아마 '동물지리학적 분포구'에 대한 온갖 이야기를 시시콜콜하게 늘어놓을 것이다. 대부분의 과학 이야기가 그렇듯 그 설명은 꽤 정확하지만 동시에 지루하고, 또 과도하게 자신감이 넘쳐 보일 것이다. 시간이 지나면 사실관계가 바뀔 수 있는데도 말이다.

만약 과학자 친구가 계통발생학적 친화성을 정량화하는 방법을 계속 늘어놓으며 '현상을 더 명확히 설명'해야 한다고 하면, 여러분은 그 친구가 그냥 말하게 내버려두고 딴생각을 해도 좋다. 그런 친구들은 남 가르치기를 좋아하는 인간들이라 자신의 목소리에 도취된 나머지 따분해하는 상대방의 눈빛을 눈치채지 못한다. 어쨌든 여러분이 꼭 알아야 할 사실은 다음과 같다.

> 동물지리학자들은 특정한 동물의 분포 양상을 바탕으로 전 세계를 6개에서 7개의 분포구로 나누었다.

그렇다, 정말 이걸로 충분하다. 다만 여러분이 역사에 관심이 있다면 조금 더 자세히 알려주겠다. 1800년대의 과학자들은 이런 분포구를 어떻게 나눌지 논쟁을 벌였다. 마침내 1876년에 영국의 탐험가이자 자연주의자인 앨프리드 러셀 월리스가 이 하품 나는 괴짜들의 토론에서 최종 승리를 거뒀기 때문에, 오늘날 우리는 모두 그를 생물지리학의 아버지라 부르며 그가 정의한 구역을 참조해야만 한다. (루드비히 카를 슈마르다에게는 유감이다. 당신이 1853년에 쓴 《생물의 지리적 분포》 역시 꽤 괜찮은 시도긴 했지만 그건 생물지리학자들만 이해할 수 있는 설명이었다.)

오늘날 우리는 이 동물지리학적 구역을 각각 신북구, 신열대구, 구북구, 아프리카열대구, 인도네시아구, 오스트랄라시아구라고 부른다. 비록 월리스가 맨 처음 분포구에 이름을 붙일 때 아프리카열대구는 '에티오피아구', 인도네시아구는 '동양구', 오스트랄라시아구는 그저 '오스트레일리아구'라고 불렀지만 말이다. 정말 바보 같은 명칭이었지만 시대가 시대였다는 걸 감안해야 한

동물지리학적 분포구

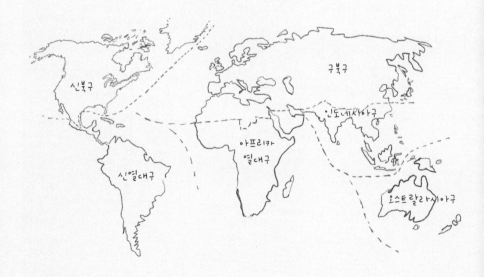

다. 마치 여러분의 할아버지가 '비록 내가 인종차별주의자는 아니지만…'으로 운을 떼며 옛이야기를 늘어놓는 것과 비슷하다.

하지만 이 책의 목적은 동물지리학 공부가 아니므로 19세기 학계에 큰 영향력을 발휘했던 학자 월리스의 문화적으로 무감각한 분포구 명칭은 일단 무시하고 넘어가자.

나는 새들을 그저 기본적인 유형에 따라 분류하고, 일반적인 서식지를 보통 사람들이 이미 알고 있는 우리 행성 지구의 지역 체계에 따라 정의하는 게 훨씬 더 유용하다고 생각한다. 바로 우리가 아는 대륙 말이다.

나는 이 개념을 '전 세계 주요 조류 분포 구역'이라고 부른다. 이건 딱 봐도 아주 단순해서 여러분이 계통발생학 석사학위가 없더라도 쉽게 이해할 수 있다. 이렇게 쉽게 정리해줘서 고맙다고? 별말씀을.

네 녀석은
어디에 사는 누구냐

조류 관찰자를 위한
기본 지식

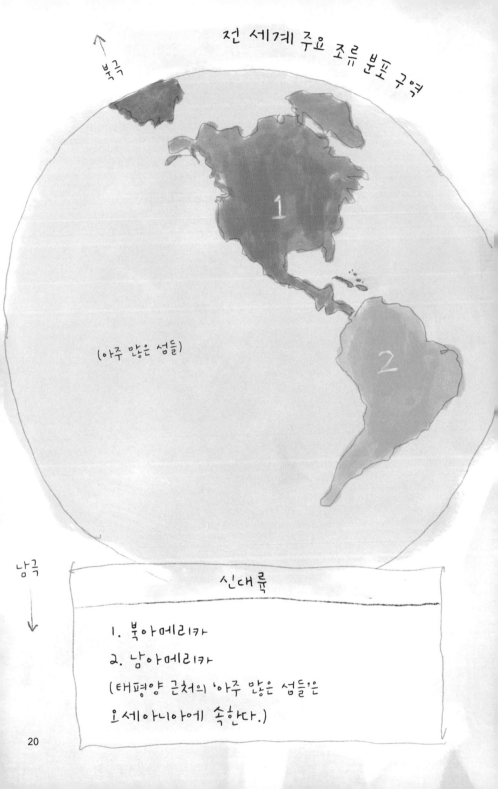

전 세계 주요 조류 분포 구역

북극 →

(아주 많은 섬들)

남극 ↓

신대륙

1. 북아메리카
2. 남아메리카
(태평양 근처의 '아주 많은 섬들'은
오세아니아에 속한다.)

구대륙

3. 아프리카
4. 유럽
5. 아시아
6. '오세아니아'

전 세계 주요 조류 분포 구역

북아메리카

북아메리카 구역에는 일단 미국, 캐나다가 포함된다. 멕시코도 여기 넣었지만 나쁘게 생각하지는 말라. 오듀본 협회와 코넬 조류학 연구소의 데이터에 따르면 이 구역은 2,000종이 넘는 새들의 서식지다. 그들 가운데 족히 10종은 넘는 새들이 다양한 방식으로 나를 골탕 먹인 바 있다.

남아메리카

남아메리카는 북아메리카의 엉덩이 바로 밑에 자리하며 그 사이에 중앙아메리카가 매달려 있다. (대륙 전문가들에 따르면 중앙아메리카는 북아메리카의 일부라고 한다. 하지만 만약 여러분이 벨리즈, 코스타리카, 엘살바도르, 과테말라, 온두라스, 니카라과, 파나마, 미국, 멕시코 등지에 산다면 동의하지 않을 수도 있겠다.) 어쨌든 과학자들에 따르면 남아메리카에는 엄청난 수의 새들이 살고 있고 종의 수도 다른 어떤 구역보다도 많다.

아프리카

오늘날 몇몇 과학자는 조류의 '종'을 다양성의 주요 지표로 사용하는 건 오해의 소지가 있다고 주장한다. 그 대신 더 높은 분류학적 단위(예컨대 속이나 과)를 기준으로 세는 것이 보다 나은 측정 방식이라고 말한다. 여기에 따르면 사하라 사막 이남의 아프리카는 전 세계에서 조류 다양성이 가장 풍부한 구역이 된다. 그렇지만 계통발생학과 생물의 분포 데이터를 중심으로 하는 이 계

산법은 꽤나 복잡한 데다 그런 주장이 〈남아프리카 과학 저널〉에서 나왔던 만큼 자기 지역이 생물학적 다양성이 가장 높은 곳이었으면 하는 마음에서 비롯한 이야기가 아닐지 의심이 든다. 내가 하고 싶은 말은 이렇다. 아프리카가 조류 다양성이 가장 풍부한 곳이라는 사실을 굳이 증명해야 할까? 아프리카는 이미 인류 조상의 발상지로 받아들여지고 있는데 더 좋은 이미지를 얻어야 할 필요가 있을까?

유럽

아시아, 아프리카, 대서양 사이에 위치한 유럽은 이 글을 쓰고 있는 지금 약 1,018만 제곱킬로미터의 면적을 차지하고 있으며 유감스럽게도 그 지역 대부분에 새들이 살고 있다. 조류를 관찰하는 취미는 특히 영국에서 인기가 많으며, 이 나라 사람들은 탐조에 놀랄 만큼 몰두한다. 물론 공정하게 말하자면 새들을 좋아하는 괴짜들은 유럽 전역에 퍼져 있다. 그리고 이들 가운데 상당수는 여러분에게 조류학이라는 분야를 '유럽인'이 발명했다고 이야기할 것이다. 뭐, 실제로 조류에 관한 체계적인 연구를 최초로 시작한 사람도 기원전 4세기의 고대 그리스인 아리스토텔레스이긴 하다.

아시아

이 지역은 너무 넓어서 전체를 아울러 말하기 힘들 정도다. 그러니 좀 더 작게 나누어 살펴보자. 중앙아시아, 동아시아, 동남아시아, 남아시아(인도를 포함할 정도로 넓은 구역이다. 여러분은 인도의 땅덩이가 얼마나 큰지 아는가?), 서아시아 등으로 말이다. 어쩌면 내가 빼먹고 지나간 아시아의 하위 분류명이 한둘은 더 있을지 모른다. 지리학은 내 전문 분야가 아니지만 우리가 알고 있는 한 가지는 다음과 같다. 새들은 아시아 전역에 살고 있고 그들 가운데 몇몇은 누가 봐도 좀 별나게 생겼다.

오세아니아

'오세아니아'라고 하면 베일에 싸인 환상적인 왕국이 떠오른다. 바닷속에 살면서 대략 헬레니즘 시대의 것으로 보이는 옷을 입고 삼지창을 든 종족이 지키는, 수천 년 동안 이어진 비밀스러운 해저의 지식으로 가득 찬 도서관을 보유한 왕국 말이다. 이곳 주민들은 큼직한 조개껍데기에 그들의 비밀을 새기고 돌고래 무리와 동맹을 맺어 텔레파시로 소통할 것만 같다. 놀랍지 않은가! 하지만 워워, 너무 흥분하지 말라. 사실 오세아니아는 호주와 뉴질랜드를 비롯한 다른 여러 섬으로 이루어진 지역을 가리킬 뿐이다. 그리고 깊은 바닷속은 지구에서 유일하게 새가 없는 곳일 가능성이 높으니 여러분의 상상 속 해저 왕국은 까놓고 보면 실망스러울지도 모른다.

어디서 새를 관찰할까?

사실 새들은 여러분이 바라든 아니든 상관없이 눈앞에 보이는 온갖 곳에 다 있다. 일단 여러분이 관심을 갖고 찾아보기 시작하면 어디서나 볼 수 있다. 하지만 그럼에도 아직 도움이 필요하다면, 다음을 참고해서 새들을 찾아보자.

1. **당연히 새들은 자연 속에 있다.** 날아다니는 새를 즉시 찾지 못했어도, 그 녀석들은 나무나 덤불 속, 땅 위, 물 위에서 쉽게 발견할 수 있다. 그래도 여전히 보지 못했다면 가만히 귀를 기울여보라. 새들은 꽤나 자주 울면서 자연의 평화로운 고요함을 깨뜨리곤 한다. 자연은 새들로 가득 차 있다.

2. **집 앞 정원.** 만약 여러분의 집 근처에 작은 정원이나 몇 그루의 나무가 있다면 한번 가만히 살펴보라. 새들은 대부분 바보 같은 구석이 있어서 정원의 나무와 숲 속 나무의 차이를 잘 모른다.

3. **도시.** 새를 관찰하고 싶다고 해서 굳이 시골집에 살 필요는 없다. 어쩌면 여러분은 새들이 아름다운 숲이나 목초지, 교외의 공원에만 산다고 생각할지도 모른다. 하지만 야외 벤치나 카페 테이블이 새똥으로 엉망이 되는 걸 보면 분명 그렇지도 않다. 이런 곳에 앉을 때는 잘 살피라.

4. **사실상 전 세계 어디든.** 새들은 북극에서 남극에 이르기까지 덥거나 추운 기후, 사막, 바닷가, 열대 정글을 가리지 않고 살아간다. 지구라는 행성에 존재하는 거의 모든 환경에서 새를 발견할 수 있다. 우리는 그들에게서 도망칠 수 없다. 절대로 말이다.

종을 동정하는 법

만약 여러분이 이미 종을 동정하는 법을 좀 안다면, 이 부분은 기꺼이 건너뛰어도 좋다. 물론 안 그래도 되고. 아는 내용을 좀 되새긴다고 해서 나쁠 건 없다. 어쩌면 여러분은 아주 대단한 조류 전문가여서 이런 친절하고 사소한 조언 따위는 신경 쓰지 않으려 할 수도 있겠다. 어쨌든, 상관없다.

새의 부위별 명칭

여러분 앞에 멍청한 새 한 마리가 있다고 하자. 그 녀석의 종을 정확히 알아내기 위해 가장 기초적으로 해야 할 일은 새의 간단한 부위별 명칭을 알아두는 것이다. 참새를 예로 들겠다. 이 새는 지루하게 생겼지만 그래도 '새'라고 하면 기본적으로 떠오르는 생김새를 하고 있다. 여러분에게 단언할 수 있는 점은 다른 새들의 몸도 거의 비슷하게 구성되어 있다는 사실이다.

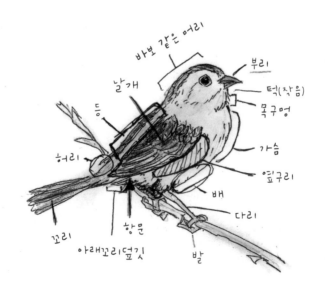

머리 머리는 보통 새의 맨 꼭대기에 달린 부위다. 웬만해선 여기에 눈과 부리가 달려 있으며, 이곳을 살피면 종을 알아내는 데 도움이 된다.

> 야외에서 종을 식별할 때는 정수리(머리 맨 윗부분), 목덜미(머리 뒤쪽), 눈고리(eye-rings), 눈두덩, 눈썹을 살피는 것도 도움이 된다.

부리 눈앞의 새가 어떤 종인지 알아내려 할 때 부리의 모양과 크기는 꽤 중요하다. 항상 이 부위에 주의를 기울여라. 자칫 방심하면 이 녀석들이 부리로 여러분의 눈을 쪼아버릴 수도 있다.

턱 대부분의 새는 턱이 너무 작아서 눈에 잘 띄지 않는다. 이는 관상학적으로 녀석들의 성격이 나약하고 맡은 일을 완수할 의지력이 부족하다는 것을 암시한다.

목구멍 턱과 가슴 사이에 있다. 여러분도 아마 짐작했겠지만 여기서 그 모든 시끄러운 울음소리가 나온다.

목 새들은 보통 목이 무척 짧기 때문에 눈에 잘 띄지 않고 아예 없는 것 같아 보이기도 한다. 하지만 섭금류(도요류나 물떼새류처럼 물 주변에 사는 새들로 다리, 목, 부리가 모두 길다)의 새들은 반대다. 이들은 목이 장난 아니게 길기 때문에 이 부위를 잘 관찰하면 이 거친 녀석들이 어느 종에 속하는지 알아내기 좋다. 이처럼 새들의 목은 아주 짧거나, 아니면 아주 길거나 해서 중간이 없다.

등 탐조가들은 새의 등을 통해 알아낼 수 있는 종별 특징에 익숙해져야 한다. 왜냐하면 이 녀석들은 대부분 성격이 별로라서 우리를 보면 등을 돌리기 일쑤기 때문이다. 매번 뒤돌아 있으니 도통 몸 앞쪽의 특징은 볼 수가 없다.

가슴 흉부라고도 한다. 닭의 경우 퍽퍽한 가슴살이 있는 곳이다.

배 가슴에서 아래꼬리 사이의 부위다. 복부라고도 하지만 그렇게까지 어려운 말로 부르는 사람은 거의 없다.

옆구리 잘난 척하는 조류학자들은 이곳을 '몸통의 측면'이라고도 한다. 참 멍청한 소리다. 그냥 옆구리라고 부르면 충분하다.

날개 여기에 대해서는 굳이 설명하지 않아도 될 것이다. 새를 진정한 새로 만드는 부위다.

허리 등과 꼬리 사이에 있는 부분이다. 보통은 등 아래쪽에 있다. 일반적으로 새의 허리는 별로 두드러지지 않다 보니 눈에 잘 보이지 않는다. 하지만 몇몇 종은 독특한 색깔의 허리를 가지고 있어서 종을 알아내는 데 도움이 되기도 한다. 그 새의 다른 신체 부위에서 단서를 찾지 못했다면 말이다.

꼬리 새의 등에서 삐죽 튀어나온 부위다. 꼬리의 모양과 길이, 색깔은 종을 동정하는 데 매우 귀중한 단서다. 심지어 새가 꼬리를 치켜드는 방법도 그 새의 정체에 대해 많은 것을 말해준다. 그래서 나는 항상 이렇게 말하곤 한다. "꼬리 좀 들어봐, 이놈아."

항문 '총배설강'이라고도 하지만 이런 복잡하고 어려운 해부학

용어에 현혹되지 말라. 그저 똥구멍일 뿐이다. 새들은 언제 어디서든 자유롭게 배설을 한다. 여러분의 자동차에도 말이다.

> 토막 상식: 새들은 총배설강으로 배설을 할 뿐 아니라 알을 낳기도 한다. 정말 더러운 녀석들이다.

아래꼬리덮깃 점점 지루하고 어렵게 느껴지는가? 이 용어는 새 꼬리 아래의 짧은 깃털을 가리킨다. 가끔은 이 깃털에 몇몇 종을 구별하는 데 도움이 될 만한 색깔이나 표식이 있을 수 있다. 하지만 솔직히, 누가 이 깃털까지 신경 쓰겠는가.

다리 다리의 길이와 색깔, 심지어 굵거나 가는 정도가 종을 동정하는 데 유용할 수 있다. 다리가 코끼리처럼 두툼한 새를 상상해보라. 정말 우습지 않은가?

발 날기 귀찮은 새들은 이 부위를 이용해 걷는다.

> 발에 관한 사실: 대부분의 새는 발 색깔이 다리 색깔과 똑같지만, 그렇지 않은 새들도 있다! 그러니 만약 멀리서 어떤 새를 봤는데 마치 신발을 신은 것처럼 발 색깔만 다르다면 너무 놀라지 말고 가만히 있어라. 곧 조류 전문가들이 몰려와 당신의 옆에서 그 새가 어떤 새인지 시끄럽게 떠들어댈 것이다.

새의 크기

새를 동정하는 데 도움이 될 수 있는 또 다른 특징은 몸의 크기다. 이는 특히 그 새의 다른 특징을 명확하게 볼 수 없을 때 큰 도움이 된다. 새의 크기를 판단할 때는 우리에게 친숙한 다른 대상과 비교해보는 것도 좋다. 예컨대 이런 식이다. 그 새는 무화과 열매 정도의 크기인가, 아니면 무화과가 터질 때까지 꽉 움켜쥔 여러분의 주먹 크기인가?

새의 생김새

그 새는 미련할 만큼 길쭉한 다리에 몸통이 작은가, 아니면 커다란 머리에 몸통이 땅딸막한가? 새들의 생김새는 전부 다르지만, 그래도 다음의 대표적인 여섯 가지 중 하나로 나눌 수 있다.

새의 대표적인 생김새
6가지

평범

뚱땡이

똥사개

둥둥이

꺽다리

악마

2장

온갖 새들

이 장에서는 온갖 다양한 새들을 소개한다.

만약 여러분이 조류 도감을 많이 찾아봤다면 새를 분류하는 방법이 여럿 존재한다는 사실을 알 것이다. 가장 전통적인 도감에서는 분류학적으로 새들을 나누는데, 여러분이 깐깐한 조류 애호가이거나 전문 조류학자라면 이런 방식이 매우 바람직하다.

반면에 과(科)나 종(種)이 갖는 유사성에 기초해 좀 더 편하고 느긋하게 새들을 분류하는 도감도 있다. 정말 간단한 걸 원한다면, 새들의 생김새나 부리 크기 같은 신체적인 특징으로 분류하는 책도 권할 만하다. 이 방식은 조류 관찰 현장에서 신속하게 종을 알아내려 할 때 정말 유용하다. 하지만 조심하라, 그런 꼴을 보기 싫어서 꿍하게 입술을 꾹 닫고 있는 몇몇 학자의 눈에 띄지 않으려면!

이 모든 접근법에는 저마다의 장점이 있다. 하지만 이 책에서는 여러분이 새들을 더 잘 이해할 수 있도록 보다 심층적인 기준을 적용할 예정이다.

전형적인 새들

전형적인 새라고 하면 흔히 머릿속에 그리는 모습이 있다. 참새나 되새, 휘파람새처럼 재잘재잘 지저귀면서 날개를 푸드덕거리고, 먹이를 주는 사람에게 고맙다는 인사도 없이 씨앗만 받아가는 친구들 말이다. 이 새들은 보통 버르장머리가 없고 대부분 머리도 둔하다.

아프리카야바위밭종다리

일반명 : 아프리카바위밭종다리

학명 : *Anthus crenatus*

아프리카에는 매우 흥미롭게 생긴 화려한 색의 새들이 많다. 하지만 이 새는 예외다. 아프리카바위밭종다리는 몸집이 작고 다리도 짧은 참새목(연작류)의 새로 대부분의 시간을 땅에서 보낸다. 이 새를 '한결같이 평범하다'고도 묘사할 수 있지만, 솔직히 그런 표현도 엄청 호의적인 수준이다. 이 새는 딱 봐도 우울한 베이지 일색인 데다 그것 말고는 주목할 만한 점이 하나도 없다. 이 녀석은 남아프리카에 서식하고 그 동네에 널린 바위처럼 생겼다.

분포지: 아프리카

아프리카
야바위밭종다리

노잼박새

일반명: 북방박새

학명: *Poecile hudsonicus*

이 녀석은 박새과에 속하는데 머리도 몸도 칙칙한 갈색이다. 북아메리카 북쪽 끄트머리의 숲에서 조용히 살고 있으며, 철새가 아니라서 여러분이 굳이 알래스카나 캐나다에 찾아오지 않는다면 볼일이 없다. 만에 하나 이 녀석을 본다고 해도 너무 평범해서 녀석이 맞는지 알아차리기 힘들 것이다. 뒤뜰에서 자기에게 먹이 주는 사람을 좋다고 찾아가는 녀석들이니 근처에 서식지가 있다면 애써 찾아 헤맬 이유도 없다.

재미있는 사실: 캐나다 사람들은 흔하디흔한 이 새에 싫증이 난 나머지 칙칙, 톰-팃, 필러디 등의 재미있는 별명을 붙여서 흥미를 돋우고자 애썼다. 하지만 별 도움은 되지 않았다고 한다.

분포지: 북아메리카

노랑박새

목이 검은 핀치새

일반명: 금정조
학명: *Poephila cincta*

이 새는 〈가디언 오스트레일리아〉의 2019년 호주 '올해의 새' 상을 받았다고 한다. 하지만 뭔가 대단한 점이 있어서 우승한 것은 절대 아니다. 단지 심각한 멸종 위기에 처해 있다 보니, 인간의 서식지 침해 때문에 사라지는 동물을 지키고자 하는 환경 보호 단체로부터 큰 지지를 받은 것뿐이다. 그건 마치 4년의 학교생활 동안 여러분에게 푸대접을 해서 죄책감을 가지고 있던 사람들이 여러분을 졸업 파티의 여왕으로 뽑아준 경우에 빗댈 만하다. 어쨌든 이런 상황에도 불구하고 이 핀치새(참새목의 작은 조류로 주로 애완용으로 많이 키움)는 아무 상관없다는 듯 그저 즐거워 보인다.

분포지: 오세아니아

목이 검은
핀치새

입닥쳐 홍관조

일반명: 검은가슴홍관조
학명: *Spiza americana*

미국 동부와 중서부 전역에서 발견되는 검은가슴홍관조는 분류학자들을 화날 만큼 성가시게 했다. 이 새가 신대륙참새과인지, 지빠귀과인지, 아니면 꾀꼬리과인지를 놓고 여러 해 논쟁을 벌여야 했기 때문이다. 그들은 결국 홍관조아과에 이 새를 집어넣었고 이 분류는 앞으로 계속 유지될 듯하다. 하지만 다 무슨 소용인가! 이 새가 어디에 속하는지 아무도 관심이 없다. "딕! 딕－딕('dick'은 음경을 가리키는 속어다) 휘익!" 하고 귀에 거슬리는 시끄러운 울음소리를 멈추지 않는 녀석일 뿐이니 말이다!

식별 방법: 눈과 가슴 근처에 노란 무늬가 있으며, 목에는 마치 턱받이나 턱수염 같은 검은 반점이 있어서 자세히 보면 좀 바보 같다.

분포지: 북아메리카

입닥쳐
홍관조

고까운새

일반명 : 꼬까울새, 유럽울새
학명 : *Erithacus rubecula*

대부분의 유럽 지역에서 이 새는 솔딱새과의 한 구성원에 지나지 않는다. 하지만 신기하게도 영국에서는 얼굴이 불그스름한 이 바보 녀석이 특별한 위치에 있다. 영국인들은 2015년에 이 새를 영국의 국조로 뽑았다. 왜일까? 글쎄, 누가 알겠는가! 확실한 건 누구보다도 시끄럽게 재잘대는 쾌활한 녀석이라는 점이다. 게다가 이 바보 녀석은 어찌나 멍청한지, 길거리의 전등에 속아서는 한밤중에도 낮인 줄 알고 열과 성을 다해 노래를 불러댄다.

분포지: 유럽

고까운새

바보종다리

일반명: 유럽바위종다리
학명: *Prunella modularis*

바위종다리를 뜻하는 '던넉(dunnock)'이라는 단어는 '칙칙한 갈색'을 의미하는 '던(dun)'에서 비롯했다. 그러니 이 녀석은 태생부터 칙칙하고 따분한 셈이다. 정말, 보기만 해도 지루하다. 이 녀석을 보느니 차라리 골프장에서 어르신들이 18홀 코스를 도는 걸 구경하는 게 나을 정도다. 일부 과학자는 이 새가 이렇게 무미건조하고 특색 없는 이유가 일종의 위장 전술이라고 주장한다. 이런 진화적 적응은 포식자의 눈에 띄지 않게 도왔을 것이다. 하지만 막상 이 녀석들의 끊이지 않는 울음소리를 듣고 있자면 저러고도 포식자로부터 몸을 숨기는 게 가능하긴 한지 의문이 든다. 이 새의 "삡삡삡" 하는 고음의 시끄러운 노랫소리는 아무리 못 들은 척하려 해도 귓가에 맴돈다.

분포지: 유럽

바보종다리

노양심못난이새

일반명: 멋쟁이새
학명: *Pyrrhula pyrrhula*

아시아와 유럽 전역에서 볼 수 있는 이 되새과 새는 황소의 머리를 가졌다고 묘사되곤 한다. 하지만 실제로는 통통한 몸에 비해 무척 작은 머리를 가지고 있다. 이 새는 비교적 조용한 편이다. 그런데 과수원만 가면 욕심쟁이가 돼서 과실수의 부드러운 꽃봉오리를 열매가 맺히기도 전에 전부 따먹어버린다. 이 녀석들에게 당한 과수원은 한 해 농사가 초토화된다. 그러니 농부들에게 눈엣가시일 수밖에 없다. 게다가 이 녀석은 꽃봉오리로 만족하지 못하고 근처의 온갖 과일과 베리류, 조금 남아 있는 씨앗까지 싹 다 먹어치운다. 하여간 양심도 없는 녀석이다.

분포지: 아시아와 유럽

노양심
못난이새

캐롤라이나의 망할 녀석

일반명 : 캐롤라이나굴뚝새
학명 : *Thryothorus ludovicianus*

느긋한 여름날 미국 동부에서 눈을 감고 잠깐 귀를 기울이면 아마 상당히 거슬리는 캐롤라이나굴뚝새의 울음소리가 한바탕 들려올 것이다. 그들이 사는 숲이라면 어디서든 수컷의 날카로운 울음소리를 들을 수 있다. 마치 "티케틀(찻주전자)! 티케틀!"이라고 울부짖는 듯하다. 이 시끄러운 녀석은 코를 허공에 치켜올린 채 자기가 마치 특별한 존재인 양 꼬리까지 세우곤 하는데, 아마 꽤 오만한 녀석 같다.

식별 방법: 몸이 갈색이며 흰 눈썹 무늬가 있고 자신감이 넘쳐흐르는 분위기를 보인다.

분포지: 미국, 캐나다와
멕시코의 일부 지역

캐롤라이나의
망할 녀석

왕가슴박새

일반명: 노랑배박새
학명: *Parus major*

영어권에서는 이 새를 '왕가슴(great tit)'이라고 부른다는 사실을 아는가? 이렇게 부르는 건 사실 좀 곤란하다. 일단 명백히 사실이 아닐뿐더러, 그 단어를 사용하는 순간 문장 전체가 야한 농담처럼 보이는 걸 도저히 피할 수 없다. 여러분이 공원에서 쌍안경을 들고 이 새를 관찰하던 중 누가 와서 무엇을 보고 있냐고 묻는데, 거기다 대고 여러분이 아무 생각 없이 '왕가슴'이라고 대답한다면 어떤 일이 생길지 상상해보라. 정말로 큰 오해가 생길 것이다. 그러니 도저히 솔직하게 대답할 수가 없다. 이런 골 때리는 이름을 처음 붙인 사람이 누구인지는 몰라도 정말로 감사드린다.

참새목의 이 조그만 새는 몸이 노랗고 뺨은 하얀색이며 머리 꼭대기와 가슴은 검은색이다. 이 정도만 알고 넘어가자.

분포지: 유럽

왕가슴박새

초록야옹새

일반명 : 녹색고양이새
학명 : *Ailuroedus crassirostris*

이 새의 요란한 울음소리는 고양이 울음소리를 닮았다고 묘사되
곤 한다. 그러나 실제로는 꽤 다양한 소리를 낸다. 가끔은 아이
울음소리로 오인받기도 하고, 또 무시무시한 뱀파이어의 끔찍한
비명으로 들리기도 한다. 물론 고양이와 아기 울음소리, 괴물이
지르는 소리는 꽤 다르다. 하지만 이른 아침 댓바람부터 그런 소
리를 듣고 깜짝 놀라 벌떡 일어나고 싶은 사람은 분명 아무도 없
을 것이다. 그러니 제발 입 좀 다물어, 이 야옹새야.

몸 색깔: 지나칠 만큼 선명한 녹색.

분포지: 오세아니아(호주)

초록야옹새

춤추는 할미새

일반명 : 영국알락할미새
학명 : *Motacilla alba yarrellii*

알락할미새(*Motacilla alba*)의 아종 중 하나인 이 자그만 참새목의
새는 거의 영국과 아일랜드에서만 번식한다. 종종 도시에서 무
리 지어 둥지를 만드는데 그 수가 수천 개에 이를 정도다. 위아래
로 꼬리를 까딱거리는 움직임이 특징인데, 잘 모르고 처음 보면
갑자기 부글거리는 속을 잠재우기 위한 멍청한 시도로 보인다.
끊임없이 몸을 흔드는 동작은 심한 신경성 틱 증상 같기도 하다.
여기에 더해 빠른 걸음걸이와 삐걱대는 움직임, 전반적으로 겁
많은 성격 등을 보면 아무래도 좀 문제가 있는 녀석인 것 같다.

분포지: 유럽

춤추는
할미새

정신나간 동고비

일반명 : 붉은가슴동고비
학명 : *Sitta canadensis*

이 조그만 새는 그야말로 미친 녀석이다. 이건 정말 농담이 아니다. 온 동네를 정신 사납게 돌아다니기 때문이다. 이 녀석은 먹이를 찾아 나뭇가지 사이와 나무껍질 틈새를 들락거리며 침엽수 숲의 이곳저곳을 종횡무진한다. 그리고 나무줄기에서 솔방울로 위아래도 없이 마구 돌아다닌다. 지켜보고 있자면 정신이 나갈 지경이다. 게다가 "엑, 엑, 엑!" 하는 거슬리는 비음의 울음소리까지, 세상에!

특징: 몸집이 정말, 정말 작다. 몸은 청회색이고 가슴은 붉은색이며 머리는 검은색과 흰색이 섞여 있다. 그리고 내가 보기엔 아무래도 꼬리가 몸통에 비해 너무 짧은 듯하다.

분포지 : 북아메리카

정신나간
동고비

짧발이발바리

일반명 : 짧은발가락나무발바리(나무발발이)
학명 : *Certhia brachydactyla*

짧은발가락나무발바리는 4개의 아종이 있지만 전부 갈색 바탕에 길쭉한 점박이 무늬를 가지고 있어서 다른 나무발바리류와 구분하기 힘들다. 이 녀석들은 모두 부리가 구부러졌고 꼬리가 뻣뻣하며, 곤충을 찾으려고 나무 위로 뛰어 올라가거나 나무껍질 아래를 뒤지며 시간을 보낸다. 일단 "팃! 팃! 팃!" 하는 울음소리부터 이미 거슬리지만, 빠른 템포의 고음 섞인 '노래'까지 들으면 더 짜증이 날 것이다. 특히 여러분이 숲에서 마음을 안정시키고자 산책을 하는데 이런 소리가 들린다면 미쳐버릴지도 모른다.

분포지: 유럽 여기저기

잽잽발이
발바리

바보요정

일반명: 요정굴뚝새
학명: *Malurus cyaneus*

요정굴뚝새라고 불리지만 이름만 듣고 속지 말라. 진짜 요정이 아닌 건 물론이고 요정처럼 예쁘지도 않다. 이 새는 호주 남동부에 흔히 서식하는 작은 참새류인 요정굴뚝새과에 속한다. 보통 날아다니며 곤충을 잡아먹는데, 여러분도 알고 있듯 이는 기본적으로 다른 많은 새와 다를 바가 없다. 한 가지 흥미로운 점이 있다면, 이 새의 수컷들에게 있는 밝은 파란색 반점이다. 1980년대의 인기 텔레비전 드라마였던 〈마이애미 바이스〉 시즌 2에서 돈 존슨이 입고 나왔던 연한 청색 아르마니 재킷과 비슷한 색이다. 그건 내가 정말 좋아하는 드라마였다. 오프닝 타이틀에서 새들이 잔뜩 등장한다는 점만 빼면 말이다.

분포지: 오세아니아

겨안낭게
숮아 있는 꼬리

바보요정

노란엉덩이 사형제

일반명 : 노란엉덩이솔새
학명 : *Setophaga coronata*

북아메리카의 중산간 침엽수림이나 교외의 뒷마당에서 어느 순간 갈색과 노란색을 띤 이 조그만 녀석의 모습을 발견할지도 모른다. 엄밀히 말하자면 이 녀석들은 서로 다른 네 종의 바보들이다. 1970년대 초 미국 조류학자 연합은 기존의 머틀솔새와 검정이마솔새, 골드먼솔새, 오듀본솔새를 하나의 종으로 묶기로 결정했다. 왜냐하면 이 바보 같은 녀석들을 기본적으로 모두 똑같은 새라고 보았기 때문이다. 하지만 여러분도 예상할 수 있듯이 그 조류 전문가들은 이제 이 새를 다시 네 개의 종으로 분리해야 한다고 주장하는 중이다. 종이 하나든 넷이든, 이런 하찮은 새에게 뭐가 그리 중요하겠는가?

분포지: 유감스럽게도 북아메리카의
거의 모든 지역

노란엉덩이
사형제

뒷마당의 꼴통들

이 새들은 인구 밀집 지역에서 흔히 볼 수 있다. 창문 밖을 쓱 쳐다보기만 해도 이 녀석들이 자기 친구들과 함께 여러분을 업신여기는 듯한 모습이 보일지 모른다. 아주 거만한 녀석들이다.

캘리포니아 허세꾼

일반명 : 캘리포니아덤불어치
학명 : *Aphelocoma californica*

이 거만한 표정의 어치는 기후 변화 때문에 캘리포니아에서 미국 서부 해안을 따라 북상해 워싱턴주까지 이르렀다. 이제 북미 대륙 서부 해안 대부분이 이 녀석들의 서식지가 되었다. 그 바람에 엄청 시끄럽고 신경을 긁어대는 노랫소리로 우리 집 뒷마당의 평화를 왕왕 깨뜨린다. 원래는 서부덤불어치라 불렸지만 몇몇 과학자들은 이 이름이 따분하다고 여겼는지 두 개의 다른 종으로 나누기로 결정했다. 해안 지역에 서식하는 새는 캘리포니아덤불어치, 좀 더 내륙에 사는 새는 우드하우스덤불어치가 되었다. 어쨌든 둘 다 거만한 녀석들인 건 마찬가지다.

분포지: 북아메리카 서부 해안. 특히
우리 집 뒷마당 나무에 사는 건 확실함.

캘리포니아
허세꾼

시뻘건 홍관조 녀석

일반명: 북부홍관조
학명: *Cardinalis cardinalis*

눈길을 잡아끄는 붉은색 깃털로 무장한 채 자기가 거물이라도 된 듯이 우쭐거리며 돌아다니는 녀석이다. 휘파람을 부는 듯한 시끄러운 노랫소리는 멕시코에서 미국 동부, 캐나다 전역에 이르기까지 조용한 가정집 뒷마당을 정신없게 만든다. 수컷들은 노래를 부르거나 가까이 다가오는 다른 수컷을 공격해 자신의 번식 구역을 지킨다. 때로는 멍청하게도 물에 비친 자기 모습을 공격하기도 한다. 겉모습이 반반하게 잘생긴 새들이 그렇듯 이 녀석도 멍청하고 천박한 데다 자존감도 부족해서, 자기들보다 더 매력적으로 보이면 그게 누구든 사납게 싸움을 건다.

분포지: 북아메리카

시뻘건
홍관조 녀석

망할 좀도둑까치

일반명 : 유라시아까치
학명 : *Pica pica*

까치들은 툭하면 도둑질을 하는 것으로 악명이 높다. 속설에 따르면 까치는 반짝이는 물건에 이끌리며, 특히 동전이나 보석을 잘 훔친다고 한다. 하지만 영국의 여러 대학에서 연구한 바에 따르면 이건 정확한 설명이 아니다. 사실 까치들은 반짝이든 그렇지 않든 상관없이 온갖 물건들을 마구잡이로 훔치는 도둑놈들이기 때문이다. 더 나아가 이 범죄자 같은 녀석들은 다른 명금류(참새목 새들의 총칭)의 둥지에서 알이나 무방비 상태의 새끼를 훔치기도 한다. 어쨌든 이 새가 특별히 귀중품에 끌리는 건 아니라고 해도 여러분의 차 열쇠를 물어가지 않도록 조심해야 할 것이다.

특징: 검고 흰 몸에 교활하고 신뢰할 수 없는 눈빛을 하고 있다.

분포지: 유럽

누군가에게 훔친
무언가

망할
좀도둑까치

불량배까마귀

일반명 : 뿔까마귀
학명 : *Corvus cornix*

송장까마귀의 가까운 친척인 뿔까마귀는 유럽 여기저기서 흔히 볼 수 있다. 이 새는 켈트족 설화에 나오는 전쟁과 운명의 여신인 모리안과 관련이 있다. 모리안은 전사들이 전장에서 위대한 업적을 세우도록 용기를 북돋워주는 여신이다. 하지만 이 못된 녀석들이 먹이를 찾겠다고 쓰레기봉투를 뒤지는 모습을 본 적이 있는 사람이라면 그 말을 듣고 코웃음을 칠 것이다. 실제로 이 까마귀는 다른 새들의 알을 훔치고 여러분의 집 배수로에 살코기 조각을 숨겨놓는 나쁜 녀석이다.

울음소리: 끊임없이 이어지는 까악 소리는 정말이지 비명에 가깝다. 계속 듣다 보면 정신이 나갈 지경이다.

분포지: 유럽

까악~

불량배
까마귀

양아치꿀빨기새

일반명: 붉은꿀빨기새
학명: *Anthochaera carunculata*

이 녀석들은 정말 한심하다. 꿀빨기새과에 속하는 이 덩치 크고 시끄러운 새들은 자기 영역을 지키기 위해 공격적인 행동도 불사하는 것으로 알려져 있다. 이 새는 '자리 차지하기'라는 지배 과시 행동을 한다. 자기보다 작은 새가 어딘가에 앉아 있다 자리를 떠나면 얼른 그 자리를 꿰차고 들어간다. 또 자기보다 덩치가 작은 새들을 보면 잽싸게 날아가 괴롭히고 심지어 싸움도 걸곤 하지만 자기보다 큰 새를 상대할 때는 제대로 덤비지도 못하고 여럿이 모여 노려볼 뿐이다. 비행 청소년 무리가 하는 짓과 똑같다. 겉으로는 강한 척하지만 사실 내면은 겁쟁이이다.

식별 방법: 꿀빨기새는 목에 늘어진 붉은 피부인 육수(肉垂)가 있어서 쉽게 알아볼 수 있다. 마치 작은 고환이 매달려 있는 것 같기도 하다. 고약한 성격을 가진 이 친구에게 참으로 잘 어울린다.

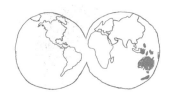

분포지: 오세아니아

양아치
꿀빨기새

잣 같은 까마귀

일반명: 잣까마귀

학명: *Nucifraga caryocatactes*

어치보다 조금 더 큰 이 새들은 견과류를 깨서 먹는 걸 좋아한
다. 영어권에서는 이 녀석들을 호두까기라는 뜻인 '너트크래커
(nutcracker)'라고 부르기 때문에 이건 별로 놀랄 만한 사실도 아니
다. 초콜릿처럼 진한 갈색 바탕에 흰색 반점이 촘촘히 나 있고 몸
에 광택이 돌며 날개는 검푸른 빛에 가깝다. 외모만 봐서는 꽤 눈
에 띄고 심지어 잘생겼다고 생각할 수도 있다. 하지만 까마귀과
의 새들이 대체로 그렇듯이, 이 녀석 또한 뻔뻔하고 거만한 심성
덕분에 매력이 반감된다. 가을이 되면 이 새는 겨우내 버틸 수 있
을 만큼 상당한 양의 견과류와 씨앗을 자기 저장고에 묻는다. 물
론 이걸 누가 상관하겠냐만, 조금은 주의하는 게 좋다. 여러분이
자기의 견과류 창고를 노린다고 판단하면 곧장 고약한 성질머리
를 드러낼 테니까.

분포지: 마치 지독하게 번지는 발진처럼
유럽과 아시아 전역에서 발견됨.

잣 같은
까마귀

올빼미인 척하는 허접사냥꾼

일반명 : 개구리입쏙독새

학명 : *Podargus strigoides*

이 새는 언뜻 보면 올빼미처럼 보인다. 하지만 이 바보 같은 녀석은 절대 올빼미가 아니고 심지어 맹금류도 아니다. 육식성이기는 해도 엄밀히 따지면 쏙독새류이기 때문이다. 그래서인지 이 녀석의 발톱과 다리는 형편없이 약해빠져서 곤충이나 민달팽이 정도의 먹잇감만 부리로 겨우 잡아먹곤 한다. 가끔은 개구리나 느릿느릿 움직이는 쥐도 사냥하겠지만 말이다. 이 새는 호주 전역의 교외 지역을 포함한 다양한 서식지에서 발견되며, 밤마다 저음의 그르렁거리는 울음소리로 사람들의 휴식을 방해한다.

재미있는 사실: 개구리입쏙독새는 야행성 사냥꾼이지만 가끔은 낮에 가만히 입을 벌리고 앉아서 벌레가 저절로 날아들기를 기다린다. 거참 장난 아니게 게으른 녀석이네.

분포지: 오세아니아

나무껍질
색깔

올빼미인 척하는
허접사냥꾼

벌레가 입속으로
날아들기를 기다리는
모습

노랑부리 뱀파이어

일반명 : 노랑부리소등쪼기새
학명 : *Buphagus africanus*

사하라 사막 이남의 아프리카 전역에서 발견되는 이 새는 날카로운 발톱을 이용해 영양이나 소 같은 덩치 큰 포유동물의 등에 달라붙어 진드기를 잡아먹는다. 이미 충분히 징그럽지만 여기서 끝이 아니다. 통통하게 피가 가득 찬 진드기를 먹은 뒤에도 이 지독한 흡혈귀 녀석은 계속해서 동물의 상처를 쪼아 피를 더 빨아먹는다! 그리고 번식하지 않는 동안에는 밤에 숙주 동물의 몸에 앉아 쉬지만, 번식을 위해 둥지를 지을 때는 숙주에게서 떨어져 나와 털이 잔뜩 뜯겨나간 끔찍한 상처를 남긴다. 여기까지 듣고도 별로 무섭지 않은가? 이 새가 놀랐을 때 내는 으스스한 쉭쉭 소리를 들어보라. 이보다 더 무시무시한 새가 또 있을까 싶을 거다.

식별 방법: 부리가 노랗고 끄트머리는 붉다. 마치 피에 대한 불온한 욕망을 드러내는 듯하다.

분포지: 아프리카

무시무시

노랑부리
뱀파이어

벌새와 딱새,
그리고 괴짜들

성격부터 겉모습까지 전부 이상한 이 조류
세계의 얼간이들은 사회적인 예의라는 걸
밥 말아먹은 녀석들이다. 외모만 이상하고
성격은 정상이라면 차라리 안쓰럽겠지만,
딱히 그렇지도 않다.

아프리카알록달록멍청이

일반명: 아프리카피그미물총새
학명: *Ispidina picta*

하하, 이 별난 새를 좀 보라. 몸집도 작고 알록달록한 이 녀석은 물총새류 가운데 가장 멍청해 보인다. 몸의 반은 부리여서 아예 다른 새를 반씩 잘라 붙인 것만 같다. 꼬리도 아주 작고 발도 조그매서 더더욱 그렇다. 우스꽝스러울 만큼 커다란 오렌지색 부리의 무게를 견뎌야만 간신히 잠을 청할 수 있을 것이다. 한마디로 이 새는 엉망진창이다.

분포지: 아프리카

아프리카알록달록
멍청이

분노조절장애까마귀

일반명 : 검은바람까마귀

학명 : *Dicrurus macrocercus*

검은바람까마귀는 아시아에 서식하는 참새목의 작은 새다. 별난 모양의 꽁지깃을 가지고 있다. 곤충을 잡아먹고 살지만 자기 서식지와 영역을 방어할 때는 아주 공격적이다. 위협적이라고 느끼면 자기보다 덩치 큰 새도 급강하해서 덮칠 정도다. 이런 바보 같은 행동 때문에 '까마귀 왕'이라는 별명도 있다. 이 녀석의 행동은 보통의 까마귀들이 보기에도 아주 당혹스럽게 느껴질 정도다.

분포지: 아시아

분노조절장애
까마귀

케이프꿀빨러

일반명 : 케이프꿀새
학명 : *Promerops cafer*

세상에, 이 새도 정말 바보 같다. 이 새의 꼬리는 말 그대로 몸통의 두 배나 된다. 수컷들은 암컷의 마음을 사로잡기 위해 이 꼬리를 뽐내면서 여기저기 날아다닌다. 하지만 꼬리 길이가 배우자를 고르는 유일한 기준이라면 대체 어떤 짝을 만나게 될까? 이 새는 꽃을 비롯한 그 어디서든 꿀을 빨아 먹기 위해 아래로 구부러진 긴 부리를 가졌다. 확실히 이 새는 남아프리카공화국 케이프 지역의 프로테아속 식물을 수분시키는 데 도움을 준다. 이 녀석이 꽃에 얼굴을 들이밀 때마다 꽃가루가 들러붙기 때문이다. 그리고 꽃가루가 잔뜩 붙으면 이제 그 긴 부리를 닦아내야 한다. 칠칠맞지 못한 바보들이다.

분포지: 아프리카

케이프
꿀빨러

오싹해골바가지새

일반명 : 카푸친새, 송아지새
학명 : *Perissocephalus tricolor*

이 기묘한 외모의 새는 남아메리카 북동쪽의 아마존 열대우림에
서 발견된다. 울음소리가 소와 닮아서 '송아지새'라고 불리기도
한다. 이 소름 끼치게 생긴 새의 울음소리를 밤에 듣는다고 상상
해보라. 마치 정글 탐험을 나섰다가 실종된 지도 제작자의 몸에
갇힌 채 너희를 한 사람씩 찾아가겠다고 울부짖는, 증오에 휩싸
인 악마의 영혼이 내는 소리 같을 것이다.

식별 방법: 계피색의 깃털, 검은색 날개를 가졌다. 그리고 무엇보
다 무시무시한 해골 같은 얼굴이 특징이다.

분포지: 남아메리카

오싹

해골바가지새

할로윈 같아

날으는 치킨까스

일반명: 느시

학명: *Otis tarda*

이 거대한 녀석은 날 수 있는 동물 중에 가장 무겁다. 수컷은 키가 약 90센티미터에 몸무게가 18킬로그램이나 나간다. 이 녀석들은 날 수는 있지만 평소에는 거의 방귀 소리 비슷한 끙끙 소리를 내면서 땅 위를 이리저리 돌아다닌다. 사실 이 녀석은 하늘을 나는 걸 별로 좋아하지 않는 것처럼 보인다. 솔직히 이런 뚱뚱한 녀석이 하늘을 날아다니면 여러모로 곤란하다. 거대한 갈색 몸의 하중을 견디기 위해 힘겹게 날갯짓을 하다가 어느 순간 잠시 멈추기라도 하면, 바로 아래의 누군가에게 심각한 위협이 될 테니 말이다.

재미있는 사실: 이 새는 원래 영국에서 발견되었지만 영국인들이 총으로 마구 쏘아댄 탓에 1832년에 멸종되고 말았다. 그러다 최근 들어서 군대 훈련소에 다시 들여왔는데, 아마 사격 표적으로 쓰기 위해서인 것 같다.

분포지: 아시아, 중부 유럽

날으는
치킨까스

야간 근무 포투

일반명 : 큰포투쏙독새
학명 : *Nyctibius grandis*

큰 곤충이나 작은 척추동물을 사냥해 잡아먹는 이 거대한 쏙독새는 쏙독새목 중에서 가장 덩치가 큰 녀석이다. 이 기괴한 조류 무리의 구성원들이 다 그렇지만, 부리를 이상하게 벌린 채 불룩하게 튀어나온 눈으로 이쪽을 바라보고 있으면 꽤 눈에 거슬린다. 또한 쏙독새목의 다른 녀석들과 마찬가지로 큰포투쏙독새 역시 야행성인데, 이 게으른 녀석이 낮에는 계속 잠만 자면서 해가 질 때까지 꿈쩍도 하지 않는다는 뜻이다. 밤이 되면 이 크고 못생긴 새는 나무에 자리를 잡고 앉아 밤새도록 시끄러운 울음소리를 낸다. 이 녀석이 사는 곳 근처에서 밤에 잠을 청하는 남미 사람들은 꽤 곤욕스러울 것이다.

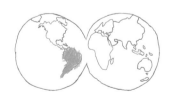

분포지 : 남아메리카

야간 근무
포투

빠개는 물총새

일반명: 웃음물총새
학명: *Dacelo novaeguineae*

길이 약 45센티미터에 몸무게는 450그램 정도인 이 건장한 녀석은 물총새류 가운데 가장 크다. 그러니 '대왕물총새' 정도의 이름이 적당하지 않나 싶지만, 이 녀석의 큰 몸집은 시끄럽고 귀에 거슬리는 울음소리 덕분에 완전히 묻혔다. 호주의 고유종인 이 새는 뉴질랜드와 태즈메이니아섬까지 퍼졌다. 그리고 유칼립투스 숲이나 도심 공원에서 방정맞은 웃음소리를 방불케 하는 소리를 쉴 새 없이 내며 사람들의 신경을 긁는다.

분포지: 오세아니아

하하하하 하하하하
하하하하 하하하하

빠개는
물총새

닥쳐, 그렇게 웃기지도
않잖솧아

주의) 타조 아님

일반명: 다윈레아

학명: *Rhea pennata*(예전에는 *Rhea darwinii*)

찰스 다윈이 타조만큼이나 덩치가 큰 레아(*Rhea americana*)를 처음 발견한 것은 비글호의 두 번째 항해 도중이었다. 하지만 그 종은 1750년대에 이미 누군가에 의해 기록된 종이었다. 이후 다윈은 자신의 이름을 붙일 만한 새로운 종을 하나 더 발견하고 흥분에 휩싸였다. 1833년 7월, 북부 파타고니아의 가우초들로부터 매우 희귀하지만 약간 더 작은 레아가 있다는 보고를 받았을 때였다. 젊은 박물학자였던 다윈은 그 종의 표본을 계속 찾아다녔지만 쭉 허탕만 쳤다. 그러던 1834년 1월, 다윈은 식사를 하다가 탐험대의 화가가 쏴 죽여 식탁에 올린 새가 그동안 찾아다녔던 약간 더 작은 레아라는 사실을 깨달았다. 이미 대부분의 고기를 먹어치운 다음이었지만 말이다. 그래도 대단해요, 다윈.

어쨌든 이 새는 키가 약 90~120센티미터 정도이며, 타조와 마찬가지로 하늘은 날지 못한다. 그리고 다리가 길고 머리가 작아서 전체적으로 멍청해 보인다. 사실 타조와 무척이나 비슷하므로 어쩌면 굳이 따로 분류할 필요가 없었을지도 모른다. 기본적으로 새라기엔 아무런 쓸모가 없는 녀석이다.

분포지: 남아메리카

주의) 타조 아님

꾸엑메추라기

일반명 : 콜린메추라기
학명 : *Colinus virginianus*

메추라기 중에서도 유난히 땅딸막하고 통통한 이 새는 캐나다와
미국 동부, 멕시코가 원산지이며 땅 위에서 주로 생활하는 바보
녀석이다. 이 메추라기가 초원의 풀밭에서 먹이를 찾으며 내는
"꾸, 꾸엑!" 하는 울음소리는 꽤 크고 요란하게 울려 퍼진다. 그
동안 왜 그렇게 숱하게 사냥당해왔는지 알 것 같다. 이 새의 울음
소리를 한동안 듣다 보면 도저히 총으로 쏘지 않고서는 견딜 수
없기 때문이다.

특징: 땅딸막함.

분포지: 북아메리카

꾸억 메추라기

페루바보벌새

일반명 : 페루비안시어테일
학명 : *Thaumastura cora*

와, 이 새의 특이한 꽁지깃을 보라. 벌새과의 이 조그만 새는 꽁지깃이 아주 길어서 쉽게 알아볼 수 있다. 하지만 결국에는 꽃의 주변을 맴돌다가 꿀을 따 마시는 보통의 벌새와 다를 바 없는 녀석일 뿐이다. 어휴 지루해.

참고 사항: 이 새가 내는 빠른 고음은 조그만 기관총을 끊임없이 두두두 쏴대는 것처럼 성가시게 들린다.

분포지: 남아메리카(안데스산맥 서부, 페루, 칠레 북부까지)

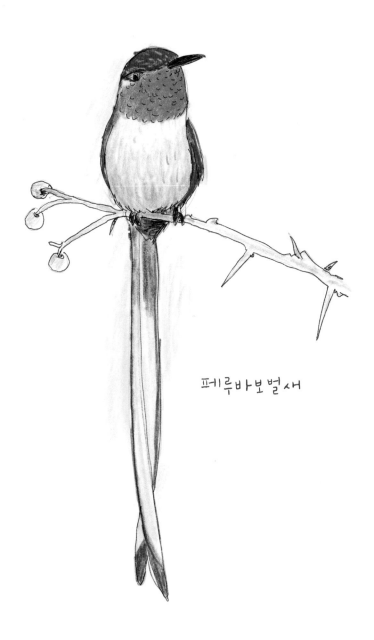

페루바보벌새

스코틀랜드솔로새

일반명 : 스코틀랜드솔잣새
학명 : *Loxia scotica*

1980년에 영국 조류학자 연합은 이 새가 영국의 고유종이라고 선언했지만, 여기에 대한 의견은 아직 분분하다. 최근 들어 이 새가 사실 스코틀랜드의 칼레도니아 숲에만 존재하는 별개의 종이라는 사실이 드러났기 때문이다. 그전까지는 그저 독특하고 이해하기 어려운 시골 억양을 가진 솔잣새 종류일 뿐이라고 주장하는 사람들이 많았다. 어느 쪽이 옳든, 중요한 건 솔방울 같은 걸 비집어 여는 이 녀석의 얼굴이 꽤나 바보 같다는 것이다. 그러니 인기가 없어 생식적으로 고립되어 있는 것도 놀라운 일이 아니다.

분포지: 확실히 스코틀랜드에만 서식함.

스코틀랜드솔로새

노답노랑부리못난새

일반명 : 남방노랑부리코뿔새
학명 : *Tockus leucomelas*

이 새는 누가 봐도 못생겼다. 무척 신난 아이가 새의 부위별 랜덤 박스에서 아무거나 꺼내 조립한 것처럼 보일 정도다. 정말이지 비율이 괜찮다든지, 우아하다는 느낌은 전혀 없다. 게다가 '남방노랑부리코뿔새'라니? 이름도 정말 우습다.

어쨌든 이 혐오스러운 녀석들은 이따금 뱀을 잡아먹는다. 끔찍하게 생긴 큼직한 부리로 뱀을 낚아챈 다음 즐거운 표정으로 뱀이 죽을 때까지 단단한 바닥에 내던지곤 한다. 정말이지 여러모로 틀려먹은 새다.

분포지 : 아프리카

노랑노랑부리
못난새

동박눈까리

일반명 : 동박새
학명 : *Zosterops lateralis*

태평양 남서부의 여러 섬에서 흔히 볼 수 있는 이 수다스럽고 작은 새는 몸길이가 10센티미터밖에 되지 않으며 굉장히 멍청하다. 이 새는 새잡이용 그물을 쉽게 통과해 과일을 훔쳐 먹을 만큼 몸집이 작지만, 여기서 그치지 않고 땅 위의 곤충들도 잡아먹으려 한다. 고양이들이 살고 있는 바로 그 땅 말이다. 심지어 어미가 자기 새끼를 데리고 그 위험한 땅을 돌아다니는 모습도 종종 보인다. 이렇게 바보 같은데도 살아남는 개체가 있다니, 도저히 믿을 수 없을 정도다.

특징: 눈 주변의 인상적으로 둥근 흰 무늬는 마치 고양이가 다가오는 것을 이제야 알아차렸다는 듯 항상 놀란 표정을 연출한다. 이 조그만 바보 새라면 진짜 아무것도 몰랐을 수 있지만 말이다.

분포지: 오세아니아

동박눈까리

흰머리 수다쟁이

일반명 : 하얀도가머리꼬리치레지빠귀

학명 : *Garrulax leucolophus*

이 작고 다부진 상사조과의 새는 히말라야산맥에서 동남아시아에 이르는 숲과 구릉에서 발견된다. 학명은 '재잘대다'라는 뜻을 지닌 라틴어 '개리레(garrire)'에서 비롯했다. 꽤 적절한 이름이다. 이 새들이 모여 있으면 커피를 너무 많이 마신 얼간이들이 계속 지껄이는 모습과 꽤 비슷하니 말이다.

참고 사항: 몸은 갈색이고 얼굴에 마스크를 쓴 듯 검은색 띠를 둘렀으며, 머리와 볏이 순백색이라 눈에 잘 띈다. 게다가 아주 사교적이고 목청이 커서 골칫거리다.

분포지: 아시아

흰머리
수다쟁이

관심병 걸린 새들

밝고, 화려하고 또 온갖 방식으로 눈길을 끄는 이 자만심 넘치는 새들은 다들 겉만 번지르르할 뿐 알맹이는 거의 없다. 그저 자기밖에 모르며 자기 목소리만 듣고 싶어 하는 듯하다.

열정과다 음치멧새

일반명 : 남색멧새, 유리멧새
학명 : *Passerina cyanea*

수컷 유리멧새는 새벽부터 해 질 녘까지 큰 목소리로 열정적인 노래를 부른다. 이 녀석은 자신이 음악적 재능이라고는 찾아볼 수 없는 엄청난 음치라는 걸 전혀 모르는 것 같다. 녀석의 서식지에 가면 온갖 다양한 울음소리를 들을 수 있는데, '불이야! 불이야! 어디야? 어디야? 여기야. 여기야. (FIRE! FIRE! WHERE? WHERE? HERE. HERE.)'처럼 들리는 높은 소리를 반복해서 내는 경우가 많다. 이 울음소리를 듣고 있으면 어디서 사이렌이 울리는 것 같은 착각이 들 정도다. 혹시 여러분의 집 근처에서 이 새들을 본다면 한번 눈여겨 관찰해보라.

몸 색깔: 당연히 남색이다.

분포지: 북아메리카

열정과다
음치멧새

분홍관종파랑새

일반명: 분홍가슴파랑새

학명: *Coracias caudatus*

이 새는 자기과시에 미쳐 있다. 언제나 키 큰 나무 꼭대기에 눈에 띄게 자리 잡고 앉아 있는데, 모두가 자신의 알록달록한 깃털과 바보 같은 꽁지깃을 오래오래 보고 싶어 한다고 확신하는 듯하다. 그러고는 아무도 궁금해하지 않는 쓸데없이 화려한 공중곡예를 펼친다. 고속으로 급강하했다가 나선 모양으로 빙글빙글 연속 회전하는 등 혼자만의 에어쇼를 벌인다. 모두가 자기에게 환호하고 박수 보내기를 기대하는 관심병 환자처럼 말이다.

식별 방법: 과시적이다. 몸집은 작지만 머리가 크다.

분포지: 아프리카

자아도취

분홍관중
파랑새

붉은부리단 패거리

일반명 : 붉은부리홍옥조
학명 : *Lagonosticta senegala*

몰려다니기 좋아하는 이 작은 새들은 아주 화려한 붉은색을 띤다. 그래서 언뜻 보면 흥미로워 보이지만 첫인상에 속아선 안 된다. 겉으로만 평범한 척 연기할 뿐이니 말이다. 사하라 사막 이남의 아프리카에 널리 분포하는 이 새는 사람들이 거주하는 지역에 자주 출몰하는데, 그 이유는 먹을 것을 쉽게 구할 수 있기 때문이다. 그리고 수많은 다른 새들이 그렇듯 이 새 역시 소음을 많이 내는 편이며, 몇몇이 작게 무리 지어 다니면서 사람들이 정원에 심은 씨앗들을 먹어치워 엉망으로 만든다.

몸 색깔: 수컷은 대부분 빨간색인 데 비해 암컷은 대부분 갈색이다. 하지만 둘 다 눈 주변에 노란색 고리 모양 무늬가 있어서 새인 걸 감안하고 봐도 멍청하고 얼빠진 인상을 준다.

분포지: 아프리카

120

붉은부리단
패거리

부리가 본체

일반명: 토코투칸, 왕부리새, 큰부리새

학명: *Ramphastos toco*

크고 두툼한 부리가 몸길이의 3분의 1을, 그리고 몸 전체 면적의 절반 이상을 차지하는 이 새는 지구상의 어떤 새보다도 몸에서 부리가 차지하는 비율이 가장 높다. 사실 별로 흥미로운 이야기는 아니다. 그냥 좀 기묘해 보일 뿐. 이 새는 날아다니는 걸 정말 싫어해서 과일을 쪼아먹고 싶을 때는 나뭇가지 사이를 어색하게 폴짝거리며 뛰어다닌다. 그리고 이 녀석들은 과일을 아주 좋아한다. 마음에 드는 짝짓기 상대에게 구애 행동을 할 때도 우스꽝스러운 부리로 과일을 내밀곤 한다. 그러면 보통 상대가 그대로 다시 밀어내는 모습을 볼 수 있다. 이 녀석은 상대가 결국 포기하고 자기를 받아들여 알을 낳을 때까지 이런 짓을 끈질기게 거듭한다.

분포지: 남아메리카

부리가 본체

노란가슴성격파탄솔새

일반명 : 아메리카솔새

학명 : *Icteria virens*

이 불쾌한 녀석은 한시도 조용한 법이 없다. 겉으로 보기엔 예뻐 보이지만 알고 보면 사실은 굉장히 성격 나쁜 광대 녀석이다. 끊임없이 "끽끽, 꺅꺅" 하는 소리를 낸다. 울음소리가 얼마나 다양한지 "찍찍, 삡삡" 하는 소리도 들을 수 있다. 울타리 뒤에 숨어서 까마귀나 자동차 경적 소리를 흉내 내며 즐거워하는 것 같기도 하다. 이 새가 일단 입을 열면 호감을 갖기란 도저히 불가능하다.

몸 색깔: 일단 선명한 노란색이 보이고… 아 몰라 나 얘 싫어.

분포지: 북아메리카

삑삑삑 삡삡삡 꺅꺅

노란가슴
성격파탄솔새

망할 딱따구리 녀석들

온갖 딱따구리들

무개성 딱따구리

일반명 : 오색딱따구리

학명 : *Dendrocopus major*

이 새는 시리아딱따구리와 생김새가 매우 비슷한 중간 크기의 딱따구리로 여기저기, 이곳저곳에 산다. 기본적으로 이 녀석은 검은색과 흰색 깃털로 이루어져 있으며 약간의 붉은 반점이 있는 수많은 다른 딱따구리와 비슷하게 생겼다. 세상에, 여기까지만 해도 정말 지루하지 않은가? "딱딱" 소리를 정말 크게 내기는 하지만, 그것 역시 다른 딱따구리들과 다를 바가 없다. 어휴, 다음 새로 넘어가자.

분포지: 유럽

무개성
딱따구리

뚱땡이초록딱따구리

일반명: 유라시아청딱따구리
학명: *Picus viridis*

이 새는 몸이 초록색이어서 그나마 다행이다. 이제 몸 색깔이 '검은색과 흰색'이라고 설명하는 것도 슬슬 지겨워졌기 때문이다. 어쨌든 이 새의 머리는 밝은 빨간색이고, 역시 빨간색의 콧수염 같은 반점이 있으며 꼬리는 짧다. 이 녀석은 유럽에 사는 대부분의 다른 딱따구리보다 크기 때문에 그 큼직한 덩치를 나무 속 둥지에 욱여넣으려면 구멍을 훨씬 크게 만들어야 한다. 또 크고 날카로운 울음소리를 내지만 아무도 이 소리를 좋아하지 않는다. 심지어 다른 평범한 딱따구리들도 그걸 들으면 당혹스러워할 것이다.

식별 방법: 몸이 녹색이다. 딱따구리치고는 뚱뚱하다. 몇 킬로미터 밖에서도 그 바보 같은 울음소리를 들을 수 있다.

분포지: 유럽

뚱땡이
초록딱따구리

히말라야 죽돌이

일반명: 히말라야딱따구리
학명: *Dendrocopos himalayensis*

이 새는 히말라야산맥을 비롯해 인도아대륙(인도반도) 북부 지역에서 꽤 흔하게 발견된다. 그렇지만 얼룩무늬가 있는 이 딱따구리과 친구는 전 세계의 다른 딱따구리들과 별로 다를 게 없다. 보통 크기에 몸은 검은색과 흰색이며, 수컷은 머리 위쪽이 붉은색이다. 나무줄기를 뒤져가며 곤충을 잡아먹는다. 이미 다 아는 사실이다.

재미있는 사실: 세계자연보전연맹(IUCN)은 이 종의 보전 상태에 대해 '최소 관심(Least Concern)'이라는 등급을 매겼다. 다들 이 새에 관심이 없는 듯하다.

분포지: 아시아

히말라야
줄돌이

왕모가지

일반명: 개미잡이
학명: *Jynx torquilla*

이 새는 정말 이상한 녀석이다. 일단 여느 딱따구리들과 달리 나무줄기를 쪼지 않는다는 점부터 의아하지만 특이한 점은 여기서 그치지 않는다. 이 녀석은 평소에 머리는 높이 들고 부리는 약간 위쪽을 향하고 다녀서 어깨에 힘이 들어간 바보처럼 보인다. 게다가 이 녀석은 위협을 받으면 마치 술에 취한 뱀이라도 된 것처럼 목을 뒤튼다. 세상에, 대체 무슨 짓인가? 이런 행동을 보이면 아마 포식자가 겁먹을지도 모르지만 얼마나 효과적일지는 미지수다. 그래봤자 심한 목 경련을 일으키는 바보 새처럼 보이기 때문이다. 그리고 이따금 이 녀석은 목 전체와 머리를 축 늘어뜨려 죽은 척을 하기도 한다. 참 대단하다.

분포지: 아마도 유럽. 그리고 아시아에도
조금 사는 것 같다.

왕모가지

뱀처럼
고개 흔들기

(그저 바보 같아
보일 뿐)

물가의 멍청이들과
꺽다리들

강이나 해안, 바다에 사는 새들도 꽤나 많다. 이 새들은 여름방학을 맞은 10대 아이들처럼 소리를 지르며 바보 같이 물가를 어슬렁거린다.

아프리카 펭귄이다

일반명 : 아프리카펭귄, 케이프펭귄, 자카스펭귄
학명 : *Spheniscus demersus*

세상에, 이 뒤뚱대는 펭귄을 좀 보라. 보통 펭귄이라고 하면 턱시도를 차려입은 새처럼 보여서 귀엽다고들 하지만, 이 녀석은 아니다. 격식 있고 세련되게 차려입은 모습이라기보다는 어디서 정장 재킷만 빌려 입고 바지는 입지 않은 듯한 인상을 준다. 여기까지 말해도 별로 우스꽝스럽지 않다고? 그런 여러분을 위해 골때리는 분홍색 눈썹이 기다리고 있다. 대부분의 펭귄은 보통 남극에서 극지 탐험대를 귀찮게 할 뿐이지만, 이 녀석은 시끄러운 당나귀 울음소리를 내며 남아프리카 해안 지역을 어슬렁거린다. 아이고야.

분포지 : 아프리카

아프리카 펭귄이다

호주창쟁이

일반명 : 오스트랄라시아가마우지

학명 : *Anhinga novaehollandiae*

이 새는 깃털이 물을 흡수하기 때문에 몸 대부분은 물속에 잠겨 있고 기다란 목만 둥둥 뜬 채로 돌아다닌다. 희한하기 그지없다. 그리고 길고 날카로운 부리로 물고기를 찔러 사냥한다. 부리가 말 그대로 창이 되는 셈이다. 이렇게 설명하면 대단한 악당 같지만 사실은 바보일 뿐이다. 물고기가 얼굴에 철썩 부딪히면 대체 어떻게 먹을 것인가? 그 긴 부리로 잡은 물고기를 놓치지 않으면서 입에 넣는 건 절대 쉽지 않다. 덕분에 이 녀석은 물고기를 흔들어 털어낸 다음 부리를 열고 받아먹으려는 어색한 동작을 연발한다. 그러니 이 점 하나는 확실하다. 몸에 무기가 달렸다는 건 꽤나 놀랍지만, 먹이를 꾸역꾸역 입에 넣는 전체 과정을 보면 환상은 와장창 깨진다.

분포지: 오세아니아

호주장쟁이

호주쓰레기새

일반명 : 호주흰따오기
학명 : *Threskiornis molucca*

호주 사람들이 도시에 적응한 이 따오기를 좋아하는지, 아니면 거부감을 느끼는지 정의하기는 애매하다. 그래도 2017년 호주 '올해의 새' 투표에서 호주까치에게 매우 근소한 차이로 밀려 2위로 뽑힌 걸 보면 어느 정도 인기가 있는 것 같긴 하다. 하지만 동시에 호주 사람들은 이 녀석들을 '쓰레기새'라고도 부른다. 이 괴팍한 녀석들이 대형 쓰레기 컨테이너나 공공 쓰레기통에서 음식 찌꺼기를 게걸스럽게 먹어치우기 때문이다. 거기다가 먹고 남은 것을 도시 전체에 흩트려놓는 지저분한 녀석들이다.

분포지: 호주, 그리고 먹어치울 쓰레기가 있는 곳이면 어디든

호주쓰레기새

히키코모리 왜가리

일반명: 해오라기
학명: *Nycticorax nycticorax*

왜가리과에 속하는 중간 크기의 종으로 북아메리카 습지 전역에서 흔하게 발견된다. 하지만 다른 대부분의 왜가리에 비해 목이 짧아 구부정한 자세로 쪼그려 앉아 있는 것처럼 보인다. 게다가 물을 헤치며 걷는 섭금류치고는 당혹스러울 만큼 다리가 짧다. 배를 채우려면 물가의 구석에서 작은 물고기나 개구리, 수생 곤충이 올 때까지 숨어 기다릴 수밖에 없는 노릇이다. 이 녀석이 야행성인 이유를 알 것 같기도 하다. 자기를 보고 비웃을 다른 새들이 비교적 드문 밤에 먹이를 찾는 게 좋을 테니까 말이다.

식별 방법: 땅딸막하고 우습게 생겼다. 물고기를 많이 먹어 아마 입에서 비린내가 날 것이다.

분포지: 북아메리카

히키코모리
왜가리

푸른 대두 두루미

일반명: 청두루미

학명: *Grus paradisea*

옅은 푸른색을 띤 이 두루미는 세계자연보전연맹(IUCN)에 의해 '취약(Vulnerable)'으로 분류되었다. 하지만 별로 놀라운 일도 아니다. 둥근 손잡이처럼 생긴 큰 머리가 목에 붙어 있어서 움직일 때마다 척추가 부러질 것처럼 위태로워 보이기 때문이다.

그리고 이 새들은 자기 몸이 물속을 돌아다니도록 적응되었다는 사실을 잘 모르는 게 분명하다. 그 가늘고 긴 막대 같은 다리로 물은 없고 풀만 무성한 곳에서 사초과의 식물을 뜯어먹으며 대부분의 시간을 보내기 때문이다. 또 어딘지 당당하지 못한 자세라든가 축 처진 꽁지깃을 보면 의지가 약하고 자존감이 낮다는 사실을 엿볼 수 있다.

분포지: 아프리카

푸른 대두
두루미

케이프우울오리

일반명: 케이프물오리

학명: *Anas capensis*

물 위에서 생활하는 이 중간 크기의 오리는 둔한 데다 머리가 멍해질 만큼 칙칙한 회색이다. 연분홍색 부리와 밝은 녹색의 반짝이는 깃털(광택깃)을 보면 그나마 외모를 신경 쓴답시고 마지못해 노력한 것처럼 보이긴 한다. 하지만 이는 같은 오리들마저도 불쾌하게 만드는 색 조합이다. 이 녀석의 미적 감각을 심각하게 의심해봐야 한다. 다만 울음소리는 그렇게 크지 않아 다행이다. 암컷은 구슬프고 작게 꽥꽥거리고 수컷은 듣기 싫은 날카로운 고음을 낼 뿐이기 때문이다.

재미있는 사실: 이 오리를 보고 있자면 우울해진다.

분포지: 아프리카

케이프우울오리

기분 나쁜 오렌지

일반명 : 황오리

학명 : *Tadorna ferruginea*

흔히 중국, 중앙아시아, 유럽 남동부에 살며 인도에서 겨울을 나는 이 오리과 새는 서식지가 상당히 넓다. 갈색이 도는 주황색 깃털과 새까만 꽁지깃이 눈에 띄는 특징이다. 이 오리도 알고 보면 기분 나쁜 녀석이다. 보통 한 쌍으로 다니거나 작게 무리 지어 다니며 큰 무리를 짓는 경우는 드문데, 아마도 숨소리 섞인 요란한 울음소리 때문일 것이다. 그 울음소리와 길게 이어지는 침묵이 뒤엉키면서 탄생한 가성 섞인 기묘한 노래는 다른 종은 물론이고 같은 종끼리도 도저히 들어줄 수 없다.

식별 방법: 어두운 갈색이 도는 오렌지색 깃털, 자신감 없고 애정에 굶주린 행동거지.

분포지: 아시아 전역

기분 나쁜
오렌지

소란뿔쟁이

일반명: 뿔스크리머, 뿔떠들썩오리, 뿔외침새
학명: *Anhima cornuta*

이 거위 크기의 새들은 오리와 가까운 친척 관계다. 부리는 닭처럼 생긴 데다 이마에는 뻣뻣한 뿔이 돋아 있어 정말 멍청해 보인다. 거기다 전 세계에서 가장 시끄럽게 우는 새인 것 같다. 나는 이 녀석을 지구상에서 가장 짜증나는 새 1위로 선정하고 싶다. 뿔스크리머의 울음소리는 같은 스크리머과 녀석들 중에서도 단연 돋보인다. 이 녀석의 "꾸익 까악, 꾸익 까악!!" 하는 요란한 울음소리는 3킬로미터 넘게 떨어진 곳에서도 들릴 정도다. 이 녀석은 헤엄을 잘 치고 날아다니는 데도 문제가 없지만, 이상하게도 다른 새처럼 멀리 돌아다니지 않는다. 오히려 닭을 닮은 바보 같은 표정으로 시끄럽게 울며 여기저기 뛰어다니는 걸 더 좋아한다. 주변에 있는 모두가 이 녀석이 제발 조용히 하기를 바랄 것이다.

분포지: 남아메리카

소란뻘쟁이

먹물가마우지

일반명: 민물가마우지

학명: *Phalacrocorax carbo*

이 커다랗고 검은 바닷새는 바다나 강 하구, 심지어 민물이 흐르는 강에서도 먹이를 사냥해 먹곤 한다. 기본적으로 물고기를 잡아서 길고 바보 같은 목으로 꿀꺽 삼킬 수 있는 곳이라면 어디서든 찾을 수 있다. 뉴질랜드에서는 이 새를 이따금 '검은 섀그(shag)'라고 부르는데, 내가 알아본 결과 현지어로 '섀그'는 확실히 섹스를 의미했다. 물론 그렇다고 뉴질랜드 사람들이 꼭 새들과 성교하길 좋아한다는 뜻은 아니다. 단지 우리를 좀 궁금하게 만들 뿐이다.

식별 방법: 검은 깃털에 노란 부리를 가졌다. 같은 가마우지과 녀석들이나 몇몇 뉴질랜드인을 제외하면 누구에게도 매력적이지 않은 특징이다.

분포지: 오세아니아

민물가마우지

노란신발백로

일반명 : 쇠백로
학명 : *Egretta garzetta*

이 작은 백로는 아프리카와 서아시아 일부, 그리고 남아시아 대부분의 지역 등 여기저기 흩어져 산다. 1980년대 후반부터는 영국에서도 모습을 드러내기 시작했다. 물고기를 좋아하는 이 날씬한 새는 어쩌면 여러분이 눈치채기 전부터 어디든 존재했을지도 모른다. 이 새를 보면 여러분은 웃음이 터지고 말 것이다. 몸은 얇고 날렵하며 우아한 데다 검은 부리, 순백의 깃털, 길고 검은 다리를 가졌지만 그 아래에 뜬금없이 큼직한 노란 발이 자리하기 때문이다. 아무리 좋게 봐도 지나치게 큰 노란 신발을 신은 것처럼 보일 뿐이다.

참고 사항: 다시 강조하지만 비록 이 녀석이 노란 신발을 신은 것처럼 보이긴 해도 정말로 신발을 신고 있는 건 아니다. 그러니 진지한 탐조가 앞에서 잘못 말하면 큰일이다. 그들이 여러분에게 화를 낼 수도 있다.

분포지: 아시아를 비롯한 전 세계 여러 지역

노란신발
백로

신발 아님

작은 노랑발? 또요?!

일반명: 작은노랑발도요

학명: *Tringa flavipes*

물가에 사는 이 중간 크기의 새는 바보 같고 따분한 도요새의 일종이다. 다만 한 가지 눈에 띄는 특징이 있다면 다리가 꽤 긴데 이번에도 역시 노란색이라는 점이다. 이름이 작은노랑발도요지만 의외로 큰노랑발도요와 그렇게 가까운 친척은 아니다. 물론 이 두 종은 생김새가 매우 비슷하긴 하다. 그렇지만 실제로 작은노랑발도요와 가장 가까운 친척은 도요과의 또 다른 따분한 친구인 윌리트다. 이제 이 새에 대해 더 말할 건 별로 없다. 자연계에서 가장 지루한 색깔인 밝은 베이지색과 갈색을 띤다는 점 정도 외에는 말이다.

재미있는 사실: 이 새는 흥미로운 구석이 하나도 없다. 정말 작고 재미없는 녀석이다.

분포지: 북아메리카의 거의 모든 지역에 서식함.

작은 노랑발?
또요?!

살상 기계들

이 새들은 살상을 위해 설계된 타고난 사냥 꾼들이다. 먹잇감을 붙잡아 생살을 찢는 날 카로운 발톱과 갈고리처럼 휘어진 부리를 가지고 있어 손쉽게 알아볼 수 있다. 이 녀석들은 동정도 후회도 없이 살상을 즐기는 냉혈한이다.

날개 달린 양아치

일반명: 말똥가리
학명: *Buteo buteo*

말똥가리는 덩치가 좋고 매과 녀석들과 비슷하게 생겼지만 실제로는 수리과에 속한다. 다른 맹금류들이 그렇듯 이 새도 갈고리 모양의 부리와 날카로운 발톱을 갖춰 소형 동물 사냥에 특화되어 있다. 기본적으로 설치류를 사냥하지만 이따금 죽은 동물의 사체를 찾아 먹기도 한다. 항상 사냥만 하는 건 피곤하고 부담스럽기 때문일 것이다. 가끔은 다른 새들에게 마수를 뻗치기도 하지만 그렇게 사납고 실력 좋은 사냥꾼은 아니라 웬만한 작은 새들에게도 못 이긴다. 그래서 말똥가리는 보통 어설프게 다른 새들을 집적대다가 포기하고 대신 성체의 보호를 받지 못해 무방비 상태인 어린 새들을 낚아채려고 시도한다.

재미있는 사실: 이 녀석은 종종 사냥을 하려는 듯 급상승하곤 하지만 사실은 그냥 빈둥거리는 중이다.

분포지: 유럽, 그리고 어떤 이유에서인지 특히 영국에 많음.

날개 달린
양아치

붉은꽁지파 행동대원

일반명: 붉은꼬리말똥가리

학명: *Buteo jamaicensis*

이 잘난 체하는 녀석을 좀 보라. 이 녀석은 자기가 꽤 멋지다고
생각하는 듯하지만 실제로는 그렇지 않다. 자기보다 작은 까마
귀 같은 새들에게도 쫓기곤 하는 바보일 뿐이다. 이 새는 북아메
리카의 거의 모든 곳에서 발견되고 심지어 뉴욕 같은 큰 도시에
서도 볼 수 있다. 이 녀석이 그렇게 밥맛인 건 대도시를 좋아하기
때문일지도 모른다. 가끔은 비둘기를 죽이기도 해서 사람들에게
도움을 준다. 물론 전반적으로 보면 결국 자신을 과대평가하는
발톱만 날카로운 멍청이일 뿐이다.

분포지: 북아메리카 전역

나르시시스트?

붉은꽁지파
행동대원

언제나 자기의 붉은 꽁지를
과시하지만 아무도
신경 안 씀

3장

역사 속의 새들

새를 어떻게 정의하느냐에 따라 다르긴 하지만, 새는 중생대 쥐라기 후반에 시조새가 출현한 이후부터 지구상에 존재해왔다고 알려져 있다. 그리고 약 1억 4,500만 년 동안 최초의 인류가 모습을 드러내기 전부터 천천히 진화해왔다.

사람속(Homo)에 속하는 최초의 인류는 약 250만 년 전 아프리카에 처음 나타났고, 이들이 유라시아 대륙을 따라 퍼져나가는 데는 50만 년이 더 걸렸다. 이 초기의 인류에 대해 실제로 알려진 바는 거의 없으며 이들이 선사시대의 새들과 어떻게 상호작용을 했는지도 당연히 알 방법이 없다. 하지만 조류들이 우리 조상의 발달하는 뇌에 처음으로 거슬리는 자극을 주었던 때가 바로 이 시기쯤이라고 추측할 수 있다.

물론 그 당시 채집하러 나온 호모 하빌리스들이 힘들게 딴 산딸기 더미를 노리는 새들에게 돌을 던지며 외쳤던 거친 욕설이 실제로 무엇이었는지는 결코 알 수 없을 것이다. 또 불쌍한 네안데르탈인들이 야생 염소인 아이벡스를 사냥하기 위해 바위 절벽에 올라갔다가 선사시대 비둘기 배설물을 손으로 짚었다는 사실을 알아챘을 때 어떤 원시 언어로 비둘기를 저주했을지는 상상만 할 수 있을 따름이다. 왜냐하면 우리 인류가 이 행성에 거주한 지는 약 250만 년이 지났지만 우리의 역사와 문화에 대한 기록을 남긴 기간은 겨우 지난 5,000년뿐이기 때문이다. 그럼에도 모든 문화권에 걸친 인류의 글과 예술 작품에 새들이 주기적으로 등장하는 건, 이 새들이 우리의 집단 무의식에 흔적을 남겼기 때문이리라.

이제 그동안 인류가 만들었던 새와 관련된 유물과 예술 작품을 조금 간추려 여러분에게 소개할까 한다. 그 안에서 새들은 다양한 방식으로 묘사되고 있다. 일상적인 물건의 장식 역할을 하거나, 예술적인 비유에서 상징적인 역할을 맡기도 한다. 하지만 어떤 역할이든 상관없이 역사적인 작품 속에 새들이 등장한다는 것은 먼 옛날 우리 인류가 새들과 관계를 맺었다는 증거들이다.

역사 속 예술 작품을 살펴보는 것은 그 시대 사람들의 시각을 통해 세상을 바라보려는 노력이다. 이를 통해 우리는 그들을 더 잘 이해할 수 있다. 어떤 대상이 예술로 표현되었던 방식을 알아본다면, 그것이 그 시대 사람들에게 무엇을 의미했는지를 직관적으로 알 수 있을 것이다.

이건 내가 현재 연구하고 있는 주제다. 하지만 이 책에서 소개할 사례는 몇 안 되기 때문에 다소 피상적일 수 있다. 그래도 분명 인류가 250만 년 동안 마음속에서 이미 알고 있었던 사실, 즉 새들은 매력적이지만 아주 못된 녀석들이기도 하다는 사실을 알려줄 것이다.

렘카이 왕자의 무덤(서벽)

기원전 2446~기원전 2389년경
이집트

이 이집트 왕자의 무덤 벽 맨 아래쪽에는 사람들이 새를 잡는 멋진 장면이 묘사되어 있다. 한가운데에는 사람들이 한 줄로 늘어서서 온갖 종류의 새들이 가득한 커다란 그물을 팽팽하게 당기는 모습이 보인다. 오른쪽에 있는 사람(그림 b)은 해냈다는 듯이 수건을 머리 위로 들어 올리고 있다! 그리고 맨 왼쪽에는 무리에서 떨어져 있는 어떤 인물(그림 a)이 보이는데 그는 마치 이렇게 말하려는 듯하다. "그물로 그렇게 애쓰지 말라고! 이 새들은 멍청해서 그냥 손으로 목을 움켜잡으면 되니까!"

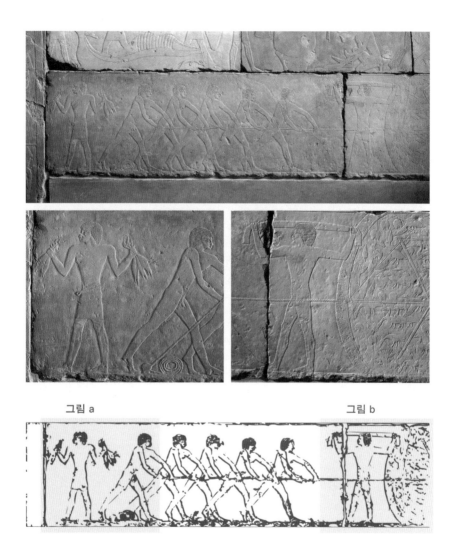

그림 a   그림 b

금반지

기원전 5세기 말
그리스

이 고대 그리스 시대 반지에는 에로스 신이 어딘가에 앉아 있는 한 여성에게 새를 선물하는 모습이 돋을새김으로 묘사되어 있다. 몸을 숙이고 있는 여성의 표정과 자세를 통해 결단력과 의지, 그리고 이 무례하고 멍청한 신 때문에 답답해 미치겠다는 당연한 분노를 엿볼 수 있다.

석회암으로 조각된 사원 소년

기원전 5세기 말
키프로스

사원에서 시중드는 소년을 묘사한 이 석회암 조각에서, 소년은 한 손으로 새의 날개를 잡고 자기 앞의 땅바닥에 눌러놓고는 아무렇지도 않은 표정으로 앉아 있다. 다른 한 손으로는 작은 돌처럼 보이는 무언가를 잡은 채다. 얼굴에 비친 죄의식 섞인 기대 어린 표정은 다음에 무슨 일이 벌어질지 알려준다.

테라코타 기름 램프

40~100년경
로마

이 로마 테라코타 기름 램프는 확실히 기능에 충실한 물건이다. 그러니 나뭇가지에 홀로 앉아 있는 새를 기름을 따르는 곳 한가운데에 배치한 것은 순전히 장식적인 의도일지도 모른다. 하지만 어쩌면 새들에게 불을 붙이고 싶은 램프 제작자의 심정을 암시하는 건 아닐까? 충분히 가능성 있는 이야기다.

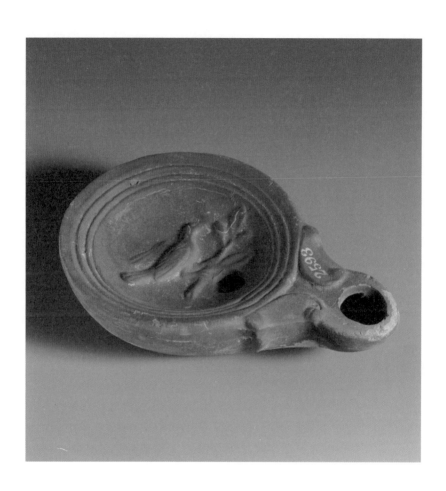

177

새들로 장식한 거울

2~7세기
모체

모체 문명은 기원후 1년에서 800년경까지 고대 페루의 북쪽 해
안과 계곡을 따라 번성했다. 이곳에서 출토된 사진 속 손거울은
고대인들 역시 오늘날 우리에게 익숙한 '허영심'이라는 감정을
가지고 있었다는 사실을 알려준다. 이 거울을 제작한 예술가는
일단은 실용적인 물건을 만들고자 했을 테다. 그러나 거울의 장
식을 보면 아마 주인에게 다음과 같은 사실을 상기시키려고도
했던 것 같다. "그래요, 지금 당신 외모는 그 정도면 괜찮지만, 이
사실은 절대 잊지 마세요. 새들은 어디에나 있고 늘 당신을 지켜
보고 있으며 당신은 그들로부터 결코 벗어날 수 없습니다."

새를 쏘는 궁수 메달

1240~1260년경
프랑스

13세기 프랑스에서 만들어진 이 메달에 대해서 확실히 알려진 바는 별로 없다. 하지만 중세의 궁수들이 힘이 많이 드는 긴 활을 대단히 잘 다뤘다는 사실은 잘 알려져 있다. 그러니 여기 묘사된 것처럼 겨우 한 발짝 남짓한 거리를 두고 활로 새를 쏘는 행위는 확실히 새를 죽여버리고 싶은 압도적인 충동을 나타내는 게 틀림없다.

인간의 방패를 훔치는 에로스

아고스티노 베네치아노(아고스티노 데이 무시)
1514~1536년경
이탈리아

물론 이 작품을 두고 애정과 욕망이 어떻게 우리의 감정적인 갑옷을 벗겨내는지 어쩌고저쩌고하는 은유적 설명을 할 수도 있다. 이 16세기 판화를 앞에 놓고 자신들의 정교한 해석을 자랑스럽게 떠벌리는 예술사학자들의 목소리가 벌써 내 귀에 들리는 듯하다. 하지만 이 도둑질 장면에 날개 달린 통통하고 고약한 존재의 이미지가 어떻게 활용되었는지는 별 관심이 없는 듯하다. 분명 여기서 에로스는 새를 은유하고 있다. 여러분이 맥줏값을 내려고 잠시 내려놓은 감자튀김을 잽싸게 집어가는 새들처럼, 이 깃털 달린 가해자 녀석 또한 자기 것도 아닌 물건을 훔쳐 날아가고 있다. 천사를 닮은 이 친구가 얼마나 만족한 표정을 짓고 있는지 주목하라.

183

낮잠 자는 어린 헤라클레스

벤체슬라우스 홀라르
1639년경
보헤미아 지방

1607년 프라하에서 태어난 벤체슬라우스 홀라르는 17세기 보헤미아 지방에서 왕성하게 활동한 예술가 중 한 명으로 꼽힌다. 그는 동판화 작품으로 유명한데, 이 그림엔 그늘진 나뭇가지 아래 잠들어 있는 어린 헤라클레스가 등장한다. 헤라클레스의 머리 위에서는 두 마리의 새가 나뭇잎들 사이로 소란을 피우며 평화로운 낮잠을 훼방놓는다. 이 작품에서 홀라르는 잠에서 덜 깨 어리둥절한 표정을 훌륭하게 담아냈다. 마치 "이 빌어먹을 새들아, 지금 뭐 하는 거야!"라고 말하는 것 같다. 어린 헤라클레스는 이제 선택의 갈림길에 섰다. 다시 눈을 감고 새들이 다른 곳에 가기를 바라며 잠을 청할지, 아니면 분연히 일어나 곤봉에 손을 뻗고 녀석들을 쫓아낼지 둘 중 하나다.

F. Par: inu: W.Zollar, fecit.

185

부엉이와 피리새

기타가와 우타마로
1790년
일본

우키요에 목판화의 대가인 기타가와 우타마로(1753~1806)는 이 그림에서 재잘거리는 한 쌍의 재색멋쟁이새(배가 회색인 멋쟁이새의 아종) 근처에 앉아 있는 부엉이 한 마리를 보여준다. 두 마리의 새가 씨앗과 열매눈을 보고 끊임없이 지저귀는 소리가 너무 시끄러웠나보다. 부엉이는 그 모습을 도저히 믿지 못하겠다는 듯 눈을 굴리고 있다. 이 그림에서는 부엉이가 멋쟁이새들을 확 잡아먹어 입을 다물게 했으면 좋겠다는 화가의 욕망이 절실하게 느껴진다.

187

따오기와 젊은 여인

에드가 드가
1860~1862년
프랑스

드가가 처음 이 그림의 밑그림을 그렸을 때는 새들은 없고 그저 한 여성의 초상화일 뿐이었다고 한다. 그렇다면 대체 왜 드가는 이 가엾은 여인의 양쪽에 빌어먹을 큼직한 따오기 두 마리를 덧 그렸던 걸까? 여인을 몰아넣으며 개인적인 공간을 무례하게 침 입하는 녀석들인데 말이다. 이 여성이 누구인지는 몰라도 드가 가 밑그림을 그리고 채색에 돌입하기 전의 어느 시점에 서로 사 이가 틀어졌던 게 분명하다. 드가는 이런 말을 하면서 그림을 건 넸을 것이다. "안녕하세요, 저 기억나시나요? 여기 당신의 초상 화예요. 이 커다랗고 빨간 멍청이 새들을 좋아하길 바라요."

4장

새들과 잘 지내기

새에 대한 사실 #1: 새들은 어디에나 있다.
새에 대한 사실 #2: 그 녀석들은 우리의 존재와 감정에 대해 쥐꼬리만큼도 신경 쓰지 않는다.

새들을 관찰할 때는 윤리 규정을 준수해야 한다. 그렇지 않으면 우리는 새들보다 나을 게 없다. 이는 확실히 불공평하게 느껴질 수 있다. 하지만 긍정적인 면을 보자면, 다른 생명체의 행복을 위해 진실성과 공감을 가지고 행동하는 데에는 큰 이점이 따른다. 바로 그 생명체가 어딘가 결여된 상태로 살아갈 때 이를 지적할 일종의 자격이 생긴다는 것이다. 어쩌면 누군가는 그것을 도덕적 의무라고 여길지도 모른다. 누가 알겠는가? 정말 그 녀석들이 여러분의 시선과 의견을 진지하게 받아들여 차에 똥을 싸거나 체리나무의 체리를 다 따 먹기 전에 한 번 더 생각해줄지도 모른다. 물론 그 녀석들이 그 체리가 여러분의 체리라 해도 신경을 써줄 것 같지는 않다. 파이에 넣을 체리 정도는 좀 남겨두라는 게 그 녀석들한테는 그렇게 지나친 요구인가 싶다.

이런, 조금 곁길로 샜다.

어디까지 말했던가? 그렇다, 윤리적인 조류 관찰에 대해 말하고 있었다. 여러 단체가 이미 조류 관찰 윤리에 대한 많은 규칙을 만들고 체계적으로 정리해놓았다. 하지만 그 많은 조류 관찰 관련 단체를 만들고 임원들을 선출하며 회의록을 작성하는 게 다 무슨 의미일까? 그래봤자 수많은 사람이 그런 규칙 없이도 탐조 활동을 하고 있다. 여러분이 원한다면 인터넷에서 세세한 규칙들을 다 읽어볼 수 있겠지만, 어쨌든 그것들을 분석해보면 대개 다음과 같이 대다수가 동의하는 기본적인 원칙으로 압축된다.

1. 항상 새들이 먼저다.
2. 새들을 방해하거나 그들의 행동에 영향을 주지 않도록 신경 쓰자.
3. 새들을 존중하고 새 또는 둥지에 너무 가까이 가지 말라.
4. 새들이 놀라지 않도록 수수한 색깔의 옷을 입고 주변 환경과 잘 어우러지도록 하자. (나는 새들이 이제 요란하고 눈에 띄게 행동하는 탐조꾼들로부터 몸을 잘 숨기게 된 것이 이 규칙의 의도하지 않은 이점이라고 생각한다. 요란한 탐조꾼은 상당수가 골치 아프다.)
5. 새들을 유인하겠다고 녹음된 음향이나 울음소리를 사용하지 말라. 이 멍청한 새들은 그런 소리에 정신을 빼앗겨 새끼에게 먹이를 주거나 짝짓기를 하는 등의 중요한 활동을 제대로 하지 못한다.
6. 사진을 찍을 때 플래시를 터뜨리지 말라. 새들이 좋아하지 않는다.
7. 새들을 손으로 잡지 말라.
8. 새들에게 고함을 지르지 말라.
9. 서식지에 마구 침입하지 말라.
10. 상식적인 수준에서 새들을 존중하며 대하라.*

유감스럽게도 이 항목은 원래 여기 포함시킬 필요가 없었지만 한
조류학회의 마지막 모임에서 일어난 사건 이후로 우리는 그 필요성
을 느꼈다. 이 정도면 당신 얘기라는 걸 알 거예요, 브라이언.

보면 알겠지만 이 규칙들은 인간보다는 새를 중심으로 한다. 하
지만 꼭 그래야 한다는 법이 있는가. 여러분이 정중한 대접을 받
고 개인적인 영역과 감정이 보호받길 바란다면 새 관찰은 때려
치우고 다른 취미를 찾아라. 새들은 완벽한 해변 피크닉에 냅다
뛰어들어 여러분의 하루를 망치는 것쯤은 신경도 쓰지 않는 자
기중심적인 바보들이기 때문이다.

하여튼 우리는 한 사람의 탐조인으로서 이러한 윤리적인 규칙
들을 따라야만 한다. 그건 우리가 새들을 마음속 깊은 곳에서 어
떻게 생각하는지와는 상관없다. 규칙을 따르지 않으면 우리는
도덕적인 우위를 잃게 되고, 새들은 자기들이 우리보다 낫다고
생각하기 시작할 것이다. 이제 남은 건 혼돈 속으로 곤두박질치
는 일뿐이다.

어쨌든 그동안 나는 규칙을 지켰다. 물론 그 규칙에는 갈매기
떼가 머리 위로 날아들어 시끄럽고 거슬리는 소리로 대화를 방
해할 때 그들을 향해 모욕적인 손 제스처를 날리는 걸 금지하는
조항은 없다. 여러분이 그렇게 하더라도 아무도 뭐라 하지 않을
것이다.

당신의 행복한 탐조 생활에 행운이 따르길 빈다.

새에 대한 지식 쌓기

조류 관찰자를 위한
몇 가지 게임과 도움말

새와 어울리는 단어 짝짓기 게임

이제 여러분의 새 지식을 테스트해보자! 이는 여러분이 친숙한 새들이 가진 여러 가지 특징을 얼마나 많이 알고 있는지 확인해 볼 수 있는 재미난 게임이다. 각각의 표현을 어울리는 새들과 짝지어 선을 그어보라. (정답은 다음 페이지에 있다.)

도움말: 새 하나가 여러 표현에 연결될 수 있고, 마찬가지로 하나의 표현이 여러 새를 묘사할 수 있다. 종이가 좀 지저분해지겠지만 새들도 지저분한 건 매한가지다.

흥분을 잘하는 •   • 되새와 굴뚝새
                                     휘파람새

활기 넘치는 •   • 오리

사회성이 뛰어난 •   • 거위

공격적인 •   • 꿩

무질서한 •   • 벌새

엄격근엄진지한 •   • 까마귀

자기애 넘치는 •   • 딱따구리

어색한 •   • 왜가리

뻔뻔한 •   • 동고비와
                                     나무발바리

이기적인 •   • 매와 수리

새와 어울리는 단어 짝짓기 게임 정답

이제 여러분이 얼마나 잘했나 확인해보자! 아래의 정답을 보고 정확히 연결한 선마다 1점씩 더해라. 만약 틀렸다면 한 가지당 1점을 깎아라. 그리고 다음 페이지의 점수표를 참고해 여러분의 수준을 확인하라.

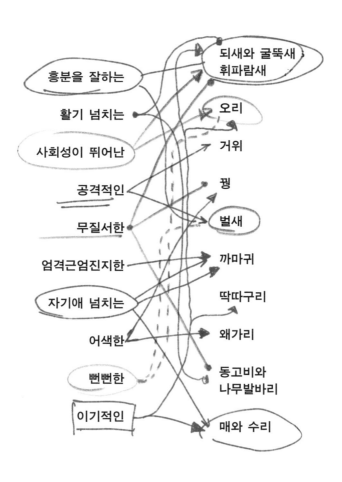

점수표

−4점 이하	와 어떻게 이런 점수가 나왔죠?
−3점 ~ 1점	이 주제에 대해 별로 관심이 없는 것 같네요. 사실 그게 더 건강한 태도일지도 모르죠.
2점 ~ 6점	잘했어요. 새를 조금은 아는 거 같네요.
7점 ~ 12점	대단해요. 이제 조류 전문가가 될 계획인가요?
13점 이상	음, 당신처럼 잘난 척하는 사람은 재수가 없어요.

새를 묘사하는 단어들

여러분이 새에 대해 연구하고 관찰하고 종을 동정할 때 새들의 특징과 전반적인 인상을 메모하는 게 도움이 된다. 이런 경우에 다음의 간단한 체크리스트를 여러분의 현장 노트에 그대로 사용하고 싶을 수 있다. 개인적인 용도로 다음 체크리스트를 복사하는 건 상관없지만 내가 괜찮다 했다고 출판사에 이르지는 말라.

크기
☐ 작음
☐ 아주 작음
☐ 중간
☐ **통통**
☐ 길쭉

비행 방식
☐ 표준
☐ 서투름
☐ 파닥파닥
☐ 상승 & 하강
☐ 변칙적이고 멍청함

자세(앉거나 선)
☐ 평범
☐ 꼿꼿
☐ 편안
☐ 뻣뻣
☐ 구부정

성격
☐ 활기 넘침
☐ 머리가 꽃밭
☐ 욕심쟁이
☐ 뻔뻔한 게으름뱅이
☐ 시끄러움
☐ 매우 거만함

☐ 덜떨어지고 지루함
☐ 버릇없음
☐ (기타) _____

행동
☐ 콩콩 뛰어다님
☐ 가만히 앉아 있음
☐ 여기저기 돌아다님
☐ 달림
☐ 긁거나 파댐
☐ 날아다님
☐ 헤엄침
☐ 그냥 떠 있음
☐ 나를 응시함
☐ 부리로 콕콕 쪼아댐
☐ 도둑질
☐ (기타) _____

전반적인 인상
☐ 전형적인 새
☐ 별로 특별한 건 없네
☐ 살짝 신경이 거슬림
☐ 핵노잼
☐ 성깔 더러움
☐ 못된 짓을 함
☐ 뭔가를 훔치려 함
☐ (기타) _____

종을 즉시 알아내는 방법

여러분이 아무리 숙련된 조류 관찰자라 해도 새들이 빠르게 움직이거나 약간 가려졌을 때는 종을 확실히 식별하기 어려울 수 있다. 그런 이유로 나는 여러 해에 걸친 현장 경험을 녹여 아래와 같은 '탐조가들이 적은 정보로 빠르게 종을 식별하기 위한 시스템'을 고안했다. 여러분도 조금만 연습하면 새를 잠깐만 보더라도 그 녀석의 특징을 정확하게 기술하고 종을 더 잘 판별할 수 있을 것이다.

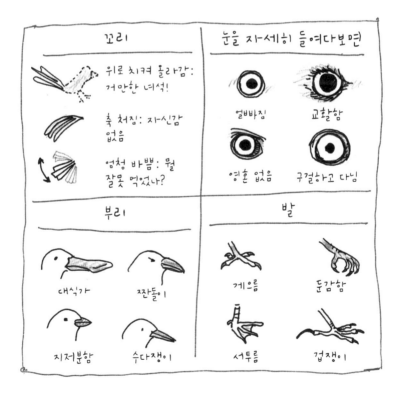

새를 그리는 방법

'새를 어떻게 그릴 것인가?'는 훌륭한 질문이긴 하지만 내가 여기에 대답할 자격은 별로 없는 것 같다. 내가 새를 그리기 시작한 건 현장에서 본 새들을 기록하기 위해 연습 삼아 끼적이면서부터였다. 내 그림은 처음엔 다소 개략적이었고 세련되지도 못했다. 이후 오랜 연습을 통해 엄청 정밀하지는 않더라도 관찰한 새들의 특징을 잘 담을 정도까지는 그릴 수 있게 되었다.

여러분이 새를 그릴 때 비례가 정확하게 맞을 필요는 없다. 존 제임스 오듀본(미국의 조류 연구가이자 화가)이 그랬듯 모든 색상과 깃털 하나하나를 세밀하게 옮길 필요도 없다. 그런 건 그림 좀 그린다는 조류 전문가들이 100년쯤 전에 이미 다 해놓았다. 게다가 인류는 카메라를 발명했다. 여러분이 아무리 열심히 그려도 200-500mm f/5.6렌즈가 장착된 DSLR 카메라보다 새를 더 정밀하게 포착할 수는 없다. 그럼에도 수많은 초상화가들이 말해주듯이, 여러분 앞에 있는 멍청한 새 녀석의 참모습을 직접 손으로 그려보는 것은 여전히 개인적인 기쁨을 준다.

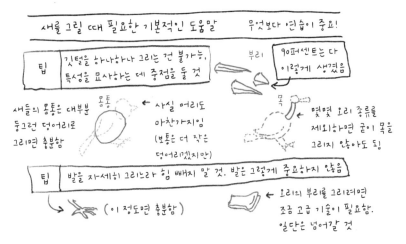

새를 그릴 때 필요한 기본적인 도움말   무엇보다 연습이 중요!

팁 | 깃털을 하나하나 그리는 건 불가능,
특성을 묘사하는 데 중점을 둘 것

부리
90퍼센트는 다
이렇게 생겼음

새들의 몸통은 대부분   몸통   ← 사실 머리도
둥그런 덩어리로   마찬가지임
그리면 충분함   (몸통은 더 작은
                                                        덩어리겠지만)

목
몇몇 오리 종류를
제외하면 굳이 목을
그리지 않아도 됨

팁 | 발을 자세히 그리느라 힘 빼지 말 것. 발은 그렇게 중요하지 않음

(이 정도면 충분함)

← 오리의 부리를 그리려면
조금 고급 기술이 필요함.
일단은 넘어갈 것

202

여러분만의 새 그리기

휴, 설명하느라 좀 지친다. 관찰한 새를 그냥 여러분 마음 내키는
대로 그려보라.

이 칸에 그림 연습을 해보라

(새들의 특성을 포착하도록 노력할 것)

감사의 말

먼저 편집자 베카 헌트에게 특별한 감사를 전한다. 그와 함께 일하는 건 굉장히 즐거웠다. 그리고 날카로운 재치와 유머 감각, 글쓰기 능력을 발휘해 이 책을 의심의 여지 없이 더 나은 책으로 만들어주었다. 또 그동안 전문적인 노고를 기울여 도와준 출판사 크로니클북스의 모든 관계자분들에게도 감사드린다. 결과가 좋든 나쁘든, 여러분은 이 책이 세상에 나와 사람들의 손에 들어가도록 해주었다. 또 초기 단계부터 시작해 나를 위해 조언과 격려를 베풀어주고 열심히 애쓴 나의 담당 에이전트 로지 존커에게도 진심으로 감사의 말을 전한다. 당신이 내 편에서 힘써준 덕에 항상 기뻤다. 그리고 무엇보다도 오랫동안 힘들었을 아내 지나에게 고마운 마음을 보낸다. 당신의 지지와 사랑, 그리고 엉뚱하기 그지없는 나에게 보낸 변함없는 믿음에 고마움을 표현하려면 나보다 훨씬 실력 좋은 작가가 필요하다.

모두에게 신세를 졌다. 내 인생에 이렇게 멋진 사람들이 함께한다는 데 정말 감사할 따름이다.

참고문헌

책과 관련 기사

Birkhead, T R; Charmantier. December 15, 2009. "History of Ornithology."
Wiley Online Library.

Cartwright, Mark. August 20, 2014 "Moche Civilization." Ancient History
Encyclopedia (ancient.eu).

Coghlan, Andy. August 7, 2014 "Cunning Neanderthals Hunted and Ate
Wild Pigeons." NewScientist.com.

Darwin, Charles. 1837. "Notes on Rhea americana and Rhea darwinii."
Proceedings of the Zoological Society of London 5 (51): 35–36. Darwin
Online.

Fisher, Celia. 2014. The Magic of Birds. London: The British Library.

Harari, Yuval Noah. 2018. Sapiens: A Brief History of Humankind. New
York: Harper Perennial.

Hardy, Jack. June 10, 2015. "Robin Crowned as Britain's National Bird
after 200,000-strong Ballot," independent.co.uk.

Haupt, Lyanda Lynn. 2009. Pilgrim on the Great Bird Continent: The
Importance of Everything and Other Lessons from Darwin's Lost
Notebooks. New York: Little, Brown and Company.

Lotz, C., J. Caddick, M. Forner, and M. Cherry. January 2013 ."Beyond
Just Species: Is Africa the Most Taxonomically Diverse Bird Continent?"
South African Journal of Science 109 (5–6): 1–4.

Nicholls, Henry. April 2015. "The Truth About Magpies." BBC.com.

Reader's Digest Editors. 1990. Book of North American Birds. Pleasantville,
NY: Reader's Digest Association.

Strauss, Bob. June 7, 2019. "10 Facts About the Passenger Pigeon." ThoughtCo. com.

Strauss, Bob. January 21, 2020 "Prehistoric Life During the Pleistocene Epoch." ThoughtCo.com.

웹사이트

www.beautyofbirds.com

www.livingwithbirds.com/tweetapedia

www.onekindplanet.org

www.rspb.org.uk

www.wikipedia.org

새는 바보다
전 세계 바보 새 도감

초판 1쇄 2024년 8월 28일 발행

지은이 매트 크라흐트 **옮긴이** 김아림
펴낸이 김현종
출판본부장 배소라 **책임편집** 안진영 **편집도움** 이솔림 **디자인** 조주희
마케팅 최재희 안형태 김예리 **경영지원** 박정아 신재철

펴낸곳 (주)메디치미디어
출판등록 2008년 8월 20일 제300-2008-76호
주소 서울특별시 중구 중림로7길 4, 3층
전화 02-735-3308 **팩스** 02-735-3309
이메일 medici@medicimedia.co.kr **홈페이지** medicimedia.co.kr
페이스북 medicimedia **인스타그램** medicimedia

ISBN 979-11-5706-364-2 (03490)